ZEITSCHRIFT FÜR ANGEWANDTE GEOLOGIE

HERAUSGEGEBEN VON

DER STAATLICHEN GEOLOGISCHEN KOMMISSION

UND DER ZENTRALEN VORRATSKOMMISSION

DER DEUTSCHEN DEMOKRATISCHEN REPUBLIK

AUS DEM INHALT

AKADEMIE-VERLAG · BERLIN

BAND 10 / HEFT 6
JUNI 1964
SEITE 281—336

Die ZEITSCHRIFT FÜR ANGEWANDTE GEOLOGIE berichtet ständig über folgende Arbeitsgebiete: Geologische Grundlagenforschung und Lagerstättenforschung / Methodik der geologischen Erkundung / Ökonomie und Planung der geologischen Erkundung / Technik der geologischen Erkundung / Geologie und Lagerstättenkunde im Ausland. In der Zeitschrift können alle strittigen Fragen der praktischen Geologie behandelt werden. Die Autoren übernehmen für ihre Aufsätze die übliche Verantwortung.

ZEITSCHRIFT FÜR ANGEWANDTE GEOLOGIE

KOLLEKTIVE CHEFREDAKTION

Dr. K. KAUTER (Redaktionssekretär)
Dr. F. STAMMBERGER
Dr. G. TISCHENDORF
Dipl.-Berging.-Geol. G. ZINDLER

BAND 10 · JUNI 1964 · HEFT 6

Der Kenntnisstand über die Metall- und Erzmineralverteilung im Kupferschiefer[1]

JOHANNES RENTZSCH, Berlin

(Mitteilung aus dem Zentralen Geologischen Institut, Berlin)

Die gegenwärtig zu erarbeitende prognostische Einschätzung des Kupferschiefers im S-Teil des norddeutschen Zechsteinbeckens macht es notwendig, den Kenntnisstand über die Gesetzmäßigkeiten der Metall- und Erzmineralverteilung im Kupferschiefer zusammenfassend darzustellen. Eine vollständige Literaturübersicht würde in diesem Rahmen zu weit führen.

Aus der Vielzahl der Literatur über den Kupferschiefer und seine Äquivalente sind zunächst die Arbeiten auszuwählen, die Beobachtungstatsachen vermitteln. Wie JUNG (1960) bereits feststellte, dürften alle überhaupt möglichen Entstehungstheorien des Kupferschiefers und seiner Mineralisation bereits geäußert worden sein. Wir sind der Meinung, daß zumindest die wichtigsten Beobachtungen am Kupferschiefer bereits gemacht worden sind. Es kommt jetzt darauf an, aus diesen Untersuchungsergebnissen die Gesetzmäßigkeiten der paläogeographischen Entwicklung an der Wende Rotliegendes/Zechstein und die damit zusammenhängenden Gesetzmäßigkeiten der Metall- und Erzmineralführung des Kupferschiefers abzuleiten. Aus dieser Arbeit ergeben sich die für weitere geologische Sucharbeiten notwendigen Kriterien. Die Frage der Herkunft der Metalle des Kupferschiefers, die jahrzehntelang die Diskussion über den Kupferschiefer weitgehend beherrschte, wird nicht behandelt, da hier noch zu viele offene Probleme vorhanden sind. Es ist das Ziel der laufenden Arbeiten, die gegenwärtige Metallverteilung im Kupferschiefer einer Klärung näherzubringen.

Beziehungen zwischen paläogeographischer Situation und Mineralisation

G. RICHTER (1941b) stellte fest, daß Gebiete mit erhöhtem Cu-Gehalt im Kupferschiefer meist im Verbreitungsbereich des Oberrotliegenden auftreten. Dabei liegen die Zonen reicher Kupferführung nicht auf den Trogachsen des Rotliegenden, sondern in Neben- und Teilsenken. Diese Feststellungen von RICHTER wurden durch die Untersuchungen im Subhercynen Becken (LUGE 1963) und in anderen Gebieten weitgehend bestätigt. Cu-angereicherte Kupferschiefer treten an den Rändern des Werrabeckens im Richelsdorfer Gebirge und im Raum Kupfersuhl—Stadtlengsfeld—Urnshausen auf. Im Mühlhäuser Becken ist das gleiche der Fall. Die Lagerstätten der Sangerhäuser und Mansfelder Mulde liegen am NW-Rand des Saaletroges im Verbreitungsgebiet der Eislebener Schichten (E. SCHRÖDER 1934). Die Mächtigkeitszunahme der Eislebener Schichten von den Vorkommen der Sangerhäuser Mulde über die Mansfelder Mulde bis in den Raum Aderstedt—Bernburg ist der im Kupferschiefer vorhandenen Kupfermenge etwa umgekehrt proportional. Über dem Oberrotliegenden des Subhercynen Beckens (Sandsteinschiefermulde von Aderstedt—Bernburg—Calbe) klingt die erhöhte Kupferführung allmählich ab. Im Raum Teichweiden—Mötzelbach nördlich von Saalfeld treten im sonst Pb-Zn-reichen Kupferschiefer erhöhte Cu-Gehalte über einem kleinen Verbreitungsgebiet des Oberrotliegenden am SE-Rand der Schwelle des Schwarzburger Sattels auf. Auch über dem Geraer Becken sind etwas erhöhte Cu-Gehalte nachgewiesen worden. Im Raum Südbrandenburg sind die Cu-angereicherten Kupferschiefer über einer flachen Nebensenke des Oberrotliegenden vorhanden. In der Struktur Mulkwitz befindet sich der dort nachgewiesene Kupfersaum nahe dem Rand einer hercyn streichenden Rotliegendmulde. Sowohl die Lagerstätten in der Nordsudetischen Kreidemulde als auch im Sudetischen Außenland liegen über oberrotliegenden klastischen Gesteinen. Ähnliches wie am S-Rand des Zechsteinbeckens zeichnet sich am Nordrand im Raum Grimmen—Reinkenhagen ab.

Um Ausnahmen von der genannten Regel handelt es sich bei den auf Grundgebirgsschwellen stehenden Bohrungen Wiegleben 1, Sundhausen und einigen Bohrungen im Hainich, die Cu-Vormacht haben.

Cu-angereicherte Kupferschiefer liegen also meist unweit des Randes alter Schwellen über Oberrotliegendtrögen. Es handelt sich um die Randvorkommen von GILLITZER (1936): Richelsdorf (SE-Rand der Taunus—Oberharz-Schwelle); Mühlhäuser Becken (zwischen Eichsfeld—Oberharz- und Ruhla—Kyffhäuser-Schwelle); Teichweiden (SE-Rand des Schwarzburger Sattels); Sangerhausen—Mansfeld (SE-Rand der Unterharzschwelle); Südwestbrandenburg (Lausitzer Block); Struktur Mulkwitz (Lausitzer Block); Nordsudetische Mulde und Sudetisches Außenland (SW- und NE-Rand des Subsudetischen Walles).

Vorwiegend Pb-Zn-angereicherte Schiefer treten entweder auf den Grundgebirgsschwellen oder über den Rotliegendtrögen in größerer Entfernung von deren Rändern auf. Es handelt sich bei letzteren um die „Vorkommen des offenen Meeres" nach GILLITZER (1936). Es muß jedoch hervorgehoben werden, daß über die Verteilung der Pb-Zn-Schiefer und deren paläogeographi-

[1]) Eingang des Manuskripts in der Redaktion: 29. 2. 1964

sche Position teilweise größere Unklarheiten bestehen als über die Verteilung Cu-angereicherter Schiefer. Um rand- und schwellenferne Vorkommen handelt es sich sicher bei den Zn-Schiefern im Innern des Saaletrogs und auf der Scholle von Calvörde. Das gesetzmäßige Auftreten von Cu-reichem Kupferschiefer in Randgebieten von Rotliegendtrögen schließt nicht das Auftreten von Pb-Zn-Schiefern in unmittelbar benachbarten Gebieten aus.

Der Kupferschiefer keilt innerhalb seines eigentlichen Verbreitungsgebiets nicht nur an Grundgebirgsschwellen aus, sondern auch auf Sandbarren an der Wende Rotliegend/Zechstein (BRANDES 1912, RICHTER 1941a, ERZBERGER 1963). Diese sind oft marin aufgearbeitet (MERTKE 1959, KURZE 1961, BEYSCHLAG 1920, STEINBRECHER 1960). In Tages- und Grubenaufschlüssen lassen sich Übergänge zwischen bloßer Ausdünnung des Kupferschiefers bis zum völligen Auskeilen nachweisen (MEINECKE 1910, GILLITZER 1936 u. a.).

Zwischen der Paläogeographie des Rotliegenden, des Kupferschieferverbreitungsgebiets, und dem Vorhandensein der für das Auftreten ökonomisch bedeutsamer Cu-Gehalte entscheidenden Rotfäulefazies bestehen direkte Zusammenhänge. Die Rotfäulefazies tritt nur über Rotliegendtrögen auf. Unmittelbar in Küstennähe ist sie nur in der Nordsudetischen Mulde vorhanden. Im allgemeinen ist die Rotfäulefazies an Schwellen innerhalb des Zechsteinmeeres geknüpft (RICHTER 1947), die oft nahe den Grundgebirgsschwellen liegen (SW-Rand der Richelsdorfer Südmulde, Sangerhäuser und Mansfelder Mulde, Südbrandenburg, Struktur Mulkwitz, Nordsudetische Mulde, Sudetisches Außenland). Den Beweis für die Schwellenfazies (Flachwasser) bringen das Ausdünnen oder Auskeilen des Kupferschiefers oder seiner Äquivalente im Rotfäulegebiet (SW-Rand der Richelsdorfer S-Mulde, RICHTER 1941a; z. T. auf den Sandbarren des Weißliegenden in der Mansfelder Mulde, EISENHUTH & KAUTZSCH 1954; z. T. auf den Sandbarren in Südbrandenburg, ERZBERGER 1963; Sandbarre der Bohrungen Spremberg 80 und 110 im Gebiet der Struktur Mulkwitz; Sandbarre der Altbohrung A 3 Klix am NE-Rand der Nordsudetischen Mulde, EISENTRAUT 1939), die sandige Ausbildung des Kupferschiefers und des Zechsteinkalkes (Richelsdorfer Gebirge, BRANDES 1912, RICHTER 1941a, KAUTZSCH 1942; Südbrandenburg, KNAUER 1960, WAGNER 1961, ERZBERGER 1963 und DETTE 1963) und der Nachweis unruhiger Sedimentation im Zechsteinkalk (Kreuzschichtung, sedimentäre Brekzien usw.) von Südbrandenburg (ERZBERGER 1963). Auch das Auftreten von Korallen im Zechsteinkalk am Rand der Roten Fäule deutet auf Flachwasserbildung (REMUS in JUNG 1960).

In den Mächtigkeitsverhältnissen von Kupferschiefer und Zechsteinkalk am Beckenrand oder am Rande von Schwellen können einander entsprechende Verhältnisse beobachtet werden. Während auf der Schwelle selbst meist ein Minimalwert erreicht wird, liegt das Mächtigkeitsmaximum am Schwellenrand. Im Becken treten geringe Mächtigkeiten auf. Wenn die Schwelle verhältnismäßig tief liegt, können auch die maximalen Mächtigkeiten direkt auf der Schwelle auftreten. Normalerweise befinden sich die größten Anhydritmächtigkeiten (Anhydritwall) beckenwärts vor den Gebieten großer Karbonatmächtigkeit. Tritt ausnahmsweise der Fall ein, daß der Anhydritwall zwischen dem Top der Schwelle und dem Karbonatwall liegt (Richelsdorf, RICHTER 1941a), so müßte sich die Schwelle nach unserem Erachten gesenkt haben. Cu-angereicherte Schiefer treten meist in Gebieten erhöhter oder stark wechselnder Zechsteinkalkmächtigkeit auf (RICHTER 1941a, b; KAUTZSCH 1942; JUNG 1960). Diese Gebiete wurden weiter oben als schwellen- oder beckenrandnah bezeichnet. Entscheidend ist hier die allgemeine Tendenz, nicht der spezielle Fall der Einzelbohrung. RICHTER (1941a, b) nahm an, daß mächtiger Zechsteinkalk in Randsenken vor Schwellen auftritt. Da aber oft Gebiete mit Rotfäulefazies, die als Flachwasserbildung erkannt wurde, und große Zechsteinkalkmächtigkeiten zusammenfallen, kann dies kaum der Fall sein. An der Eichsfeld—Oberharz-Schwelle sind im Hainich bei Eigenrieden (Bohrung Eigenrieden 3 u. a., THIEL & TRISCH 1963) 9,5 m mächtiger Zechsteinkalk über Kupferschiefer, 0,6 m Aufarbeitungsbrekzie und Phyllit des Grundgebirges vorhanden. Wenn mächtiger Zechsteinkalk fast unmittelbar auf dem Grundgebirge der Schwellen liegt, so dürfte die Kalkabscheidung wohl allgemein eine Funktion der Beckentiefe sein. Küsten- oder schwellennahe Flachwasserbereiche sind offensichtlich für die Karbonatabscheidung günstig, gleichgültig, ob Rotliegendtröge darunterliegen oder nicht.

G. RICHTER (1941b) sah als erster Zusammenhänge zwischen der Meerestiefe und der Metallfazies des Kupferschiefers. Seine Feststellungen, daß im Tiefsten eines randlichen Teilbeckens Kupferfazies ausgebildet ist, während im angrenzenden Flachwassergebiet Zinkfazies auftritt, haben zunächst nur für den speziellen Fall des Richelsdorfer Gebirges Gültigkeit. Das Problem des Vorhandenseins der Zinkfazies im Kupferschiefer des Hauptbeckens läßt er offen. Erst G. LUDWIG (1962) kam auf Grund lithologisch-geochemischer Untersuchungen des Grauen Hardegsentons des Buntsandsteins zu der Schlußfolgerung, daß die Kupferfazies in Ablagerungen des tieferen Flachwassers auftritt, ohne dies physikalisch-chemisch zu begründen.

Ausgezeichnete Beispiele des Zusammenhangs zwischen paläogeographischer Situation und der Buntmetallanreicherung in den rezenten Sedimenten der Ostsee zeigte MANHEIM (1961). Die höchsten Schwermetallgehalte wurden in Gyttjen und Sapropelen am Rand untermeerischer Schwellen oder in Küstennähe nachgewiesen. In tieferen Beckenteilen treten in Sapropelen erhöhte Buntmetallgehalte auf. Die Maximalgehalte der rand- und schwellennahen Gyttjen und Sapropele werden jedoch nicht erreicht.

Beziehungen zwischen petrographischer Zusammensetzung und Mineralisation

Liegendes des Kupferschiefers

Im Richelsdorfer Gebiet treten die Cu-reichen Sanderze immer in konglomeratischen Partien der liegenden klastischen Sedimente auf. Bei sandig-konglomeratischen Wechsellagerungen wird das besonders deutlich (GUNZERT 1953, MESSER 1955). Die reichen Sanderze, die örtlich im Kupferschiefer der Struktur Mulkwitz und im Subsudetischen Außenland auftreten, liegen in sandigen Schichten. Im Subhercynen Becken sind Sanderze nur in sandigen und feinkonglomeratischen Schichten vorhanden. Die Schluffsteine sind absolut erzarm.

Es besteht nur eine örtliche Abhängigkeit der Vererzungen von der Korngröße und der petrographischen Zusammensetzung der klastischen Sedimente. Lediglich bei grauwackenartigen Gesteinen ist neben der Sulfidführung des Bindemittels häufig eine Vererzung des Gesteinsdetritus und der Feldspatgerölle nachzuweisen. Bei der Sanderzbildung müssen die Porosität der Gesteine und geochemische Faktoren von großer Bedeutung sein.

Wenn das Grundgebirge unmittelbar unter dem Kupferschiefer liegt, sind in den hangenden zersetzten Teilen nur sehr geringfügige Vererzungen vorhanden.

Kupferschiefer

Regionale petrographisch-fazielle Untersuchungen am Kupferschiefer wurden bisher noch nicht durchgeführt. Entsprechende Arbeiten laufen gegenwärtig. Aus den wenigen veröffentlichten Untersuchungen lassen sich noch keine allgemeinen Gesetzmäßigkeiten ableiten. Es muß z. B. klargestellt werden, ob die kalkige oder dolomitische Ausbildung des Karbonatanteils des Kupferschiefers im Zusammenhang mit bestimmten Metallfaziestypen steht. Engräumige Untersuchungen hatten bisher noch keine Zusammenhänge erkennen lassen (z. B. RENTZSCH & LANGER 1963).

Makro- und mikropetrographische Untersuchungen lassen erkennen, daß sandige Einschaltungen an der Basis des Kupferschiefers im Bereich und am Rand von Schwellen oft im Übergang zwischen Rotfäulegebieten und Kupferschiefer in Sapropelfazies auftreten (z. B. Richelsdorfer Gebirge, RICHTER 1941 a, KAUTZSCH 1942; Südbrandenburg).

Zechsteinkalk

Auch für den Zechsteinkalk fehlen regionale petrofazielle Untersuchungen. Vom Raum Spremberg—Weißwasser (Struktur Mulkwitz) und von der Edderitzer Mulde ist die Kalkstein-Dolomit-Verteilung kartenmäßig dargestellt worden (TZSCHORN 1963, STEINBRECHER 1959). Sandschüttungen an der Basis des Zechsteinkalks und in ihm selbst treten in und am Rand von Schwellengebieten auf (Richelsdorf, Südbrandenburg, Fallstein). In den beiden erstgenannten Gebieten liegen die Rote Fäule und daneben die Kupferfazies des Kupferschiefers im Bereich solcher sandiger Einschaltungen und unruhiger Sedimentation im Zechsteinkalk. In Weißwasser verläuft die Grenze zwischen kalkiger und dolomitischer Ausbildung des Zechsteinkalks parallel zum Rotfäulerand. Im Rotfäulegebiet ist der Zechsteinkalk kalkig ausgebildet (TZSCHORN 1963).

Geochemische Fazies und Mineralisation

Von den geochemischen Faktoren, die entscheidenden Einfluß auf die Ausbildung, Metall- und Mineralführung des Kupferschiefers besitzen, sind vor allem der Eh-Wert und pH-Wert des Meerwassers, die Konzentration an Buntmetallen, Eisen und Schwefel und die Löslichkeitsprodukte der Sulfide zu nennen. Außerdem dürfte unter anderem der Salzgehalt des Meerwassers zu berücksichtigen sein. Die Temperatur kann als konstant angesehen werden. Es sind etwa 25°C einzusetzen.

Es ist gegenwärtig allgemein anerkannt, daß der Kupferschiefer in seiner kohlig-bituminösen Ausbildung ein sapropelitisches Sediment darstellt, bei dessen Ablagerung durch bakteriell produzierten Schwefelwasserstoff Metallsulfide abgeschieden wurden. Die Sedimentation erfolgte bei niedrigem Redoxpotential. In den Gebieten mit Roter Fäule liegt das Redoxpotential höher.

Von geologischer Seite sind bisher vor allem die Zusammenhänge zwischen Paläogeographie und Metallführung des Unteren Zechsteins beachtet worden. Erwägungen über geochemische Verhältnisse waren meist allgemeiner Natur und losgelöst von den paläogeographischen Betrachtungen. Es ist klar, daß ursächliche Zusammenhänge zwischen der Paläogeographie des Unteren Zechsteins und den geochemischen Vorgängen bestehen, die zur Ausbildung differenzierter Metall- und Mineralfaziesbereiche führten.

Leider ist es gegenwärtig noch nicht möglich, direkte Eh-Messungen an Kupferschieferproben durchzuführen. Wir sind darauf angewiesen, aus der Erzmineralparagenese Rückschlüsse auf die Eh—pH-Verhältnisse während der Bildung der sulfidischen Minerale zu ziehen. Die Möglichkeiten dazu sind durch die Eh—pH-Diagramme des Systems Cu—Fe—S—O—H und die Sauerstoff Schwefel-Partialdruckdiagramme für Eisen- und Kupfersulfide, die GARRELS (1960) veröffentlichte, gegeben. Stichhaltige Analogieschlüsse können auch auf Grund der Eh-, pH-, Salinitäts- und Schwermetallbestimmungen an rezenten Sedimenten der Ostsee erfolgen (MANHEIM 1961). Besonders wertwoll sind die mikrobiologischen Untersuchungen zur Frage der Genese des Kupferschiefers (SUCKOW 1963). In Modellversuchen wurden mittels bakteriell produziertem Schwefelwasserstoff Schwermetallsulfide unter verschiedenen Bedingungen gefällt und während der gesamten Versuchsdauer Eh- und pH-Messungen durchgeführt.

Auf Grund des Vergleichs der Mineralparagenesen des Kupferschiefers mit den obenerwähnten Diagrammen, aus den lithologischen und geochemischen Untersuchungen von G. LUDWIG (1962a, b) am Grauen Hardegsenton, aus den Untersuchungen von WIENERT (1924) am System Cu—Fe—S und aus allgemeinen chemischen Erwägungen ergibt sich, daß ein Teil der bisherigen Vorstellungen über die Ausbildung von Kupferfaziesbereichen im Kupferschiefer falsch ist. RICHTER (1941b) nahm an, daß Kupfer in tiefen Wannen von Randsenken, „wo Sauerstoffmangel und Schwefelreichtum die Ausfällung begünstigte", abgeschieden wurde. Die wirklichen Verhältnisse kann man an dem Diagramm von GARRELS (Abb.) ablesen. Nach den Untersuchungen von SUCKOW (1963) schwankt der pH-Wert während der Sulfidfällung maximal zwischen 6,2 und 7,4. Der horizontale und vertikale Mineralfazieswechsel Chalkosin—Bornit—Chalkopyrit—Pyrit (BRÜCKMANN 1892) bzw. Hämatit—Hämatit±Chalkopyrit—Hämatit±Bornit (Grenze der Roten Fäule)—Chalkosin—Bornit ± Chalkopyrit—Chalkopyrit ± Bornit—Chalkopyrit (EISENTRAUT 1939, NEUHAUS 1940, RENTZSCH & LANGER 1963) oder Hämatit—Hämatit± Chalkopyrit (Grenze der Roten Fäule)—Idait±Covellin, Chalkosin, Chalkopyrit, Magnetit—Chalkopyrit± Idait, Pyrit zeigt, daß in dem gegebenen pH-Bereich die Eh-Werte von positiven Werten (Rotefäulefazies) bis etwa −0,35 abfallen. Der Bildungsbereich der Cu-reichen Sulfide liegt bei Eh-Werten von etwa 0,0—0,2, also verhältnismäßig hoch. Aus dem Sauerstoff—Schwefel-Partialdruckdiagramm ist zu entnehmen, daß der

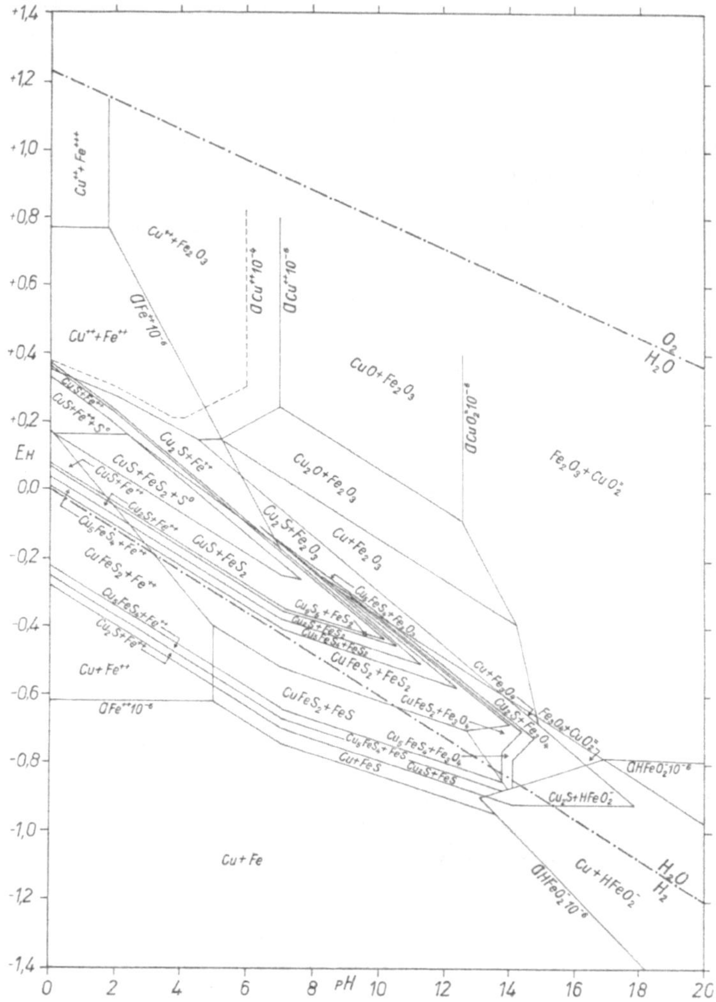

Abb. Das System Cu—Fe—S—O—H bei 25°C und 1 at Druck. S-Konzentration = 10^{-1} m (aus GARRELS 1960)

Paragenesenwechsel Chalkopyrit+Pyrit—Bornit+Pyrit—Chalkosin+Pyrit—Covellin+Pyrit bei gleichbleibendem Sauerstoffpartialdruck einer Zunahme des Schwefelpartialdrucks entspricht. Andererseits kann man ohne Änderung des Schwefelpartialdrucks durch Erhöhung des Sauerstoffpartialdrucks eine Paragenesenfolge Chalkopyrit+Pyrit—Chalkopyrit+Magnetit—Bornit (Idait)+Magnetit—Chalkosin+Magnetit (Südbrandenburg) erhalten. Die verschiedenen Kupfersulfidminerale bilden sich erst syndiagenetisch aus. Es lassen sich also vor allem die Parameter der Mineralbildung während der Diagenese rekonstruieren (SKRIPTSCHENKO 1963, RENTZSCH & LANGER 1963).

Nach TISCHENDORF & UNGETHÜM (1964) genügen wahrscheinlich die Unterschiede in den Löslichkeitsprodukten der Sulfide (K_{LCu_2S}—K_{LAg_2S} = ca. 10^{-50}; K_{LPbS} = ca. 10^{-28}; K_{LZnS} = ca. 10^{-25}), um die Metallfaziesdifferenzierung sowohl in horizontaler als auch in vertikaler Richtung zu erklären. Damit ist auch das Parallelgehen der Cu- und Ag-Gehalte im Kupferschiefer geklärt. Auf die Verteilung der Spurenelemente wird noch nicht weiter eingegangen, weil regionale Auswertungen noch fehlen.

Aus dem bisher Angeführten kann geschlossen werden, daß Cu-angereicherte Schiefer vor allem dort auftreten, wo ein nur geringfügig reduzierendes Milieu vorhanden ist. Das ist im Übergangsbereich zwischen bewegtem sauerstoffführendem Wasser und stagnierendem Wasser mit stärker reduzierenden Bedingungen gegeben. Derartige Bedingungen herrschen in schwellen- und randnahen Bereichen in verhältnismäßig flachem Wasser. Wo auf Grund sehr hoher Eh-Werte keine Sulfide gebildet werden können oder bereits gebildete Sulfide instabil werden und Hämatit beständig ist, sprechen wir von Roter Fäule. Wir sind davon überzeugt, daß, von der primären paläogeographisch bedingten Anlage der Rotfäulegebiete abgesehen, bedeutende syndiagenetische Stoffwanderungen stattfanden, die zu dem diagonalen Durchsetzen der Metall- und Mineralfaziesbereiche durch die Schichtprofile des unteren Teils der Werra-Serie führten (FULDA 1935, EISENTRAUT 1939, STEINBRECHER 1959, RENTZSCH & LANGER 1963 u. a.). Kupferschiefergebiete mit Kupferfazies und Chalkosin-Bornit-Paragenese, in denen keine Rote Fäule nachweisbar ist, befanden sich während der Sedimentation und Diagenese unter schwach reduzierenden Bedingungen, ohne daß jedoch der Eh-Wert bis in den Stabilitätsbereich von Hämatit anstieg. Es sind also alle Übergänge zwischen Kupferschiefer in ausgesprochener Sapropel- und Rotfäulefazies möglich.

Zahlreiche Einzelfragen, die im Zusammenhang mit dem Rotfäuleproblem stehen, konnten durch die Untersuchungen von SUCKOW und PALMBERG (1963) geklärt werden. Aus den Untersuchungen von SUCKOW ist zu entnehmen, daß bei bewegtem Wasser der Schwefelkreislauf in den untersten Wasserschichten gestört wird. Die Bakterienplatte an der oberen Grenze des sauerstofffreien Wassers wird zerstört. Die Redoxsprungschicht sinkt bis in den Faulschlamm hinein ab. Außerdem fällt der pH-Wert des überstehenden Wassers von etwa 7,3 bis 6,2 ab. Man kann daraus ableiten, daß unter derartigen Bedingungen in noch genügend reduzierendem Milieu Covellin gebildet wird. Bei stark ansteigenden Eh-Werten können also auch im Modellversuch Verhältnisse rekonstruiert werden, die denen in Rotfäulegebieten ähneln.

Die Untersuchungen von PALMBERG (1963) ergaben neben den bekannten Tatsachen, daß der Gesamtgehalt von $C_{org.}$ in Richtung zur Roten Fäule hin abnimmt und daß in gleicher Richtung in den einzelnen Flözprofilen die Maxima des $C_{org.}$ mit den Buntmetallen nach dem Hangenden abwandern (Beweis des Einwirkens der Rotfäuleeinflüsse aus dem Liegenden, siehe Spremberg—Weißwasser), folgendes:

1. Der Inkohlungsgrad der Festbitumina nimmt sowohl in Richtung zur Roten Fäule als auch im Einzelprofil vom Hangenden zum Liegenden des Kupferschiefers zu. In gleichen Richtungen geht auch das Verhältnis lösliches Bitumen : Gesamt-$C_{org.}$ zurück, das heißt, daß die Menge des löslichen

Bitumens stärker abnimmt als die des Festbitumens. Man kann sagen, daß das Verhältnis lösliches Bitumen: Gesamt-$C_{org.}$ dem an Hand der Mineralparagenesen nachgewiesenen Verlauf des Redoxpotentials umgekehrt proportional sind.

2. An Flözprofilen aus dem Brosowski- und Thälmann-Schacht I, die in Zink- bzw. Blei-Zink-Fazies vorliegen, ist der Inkohlungsgrad geringer als an den Profilen des Niederroblinger Reviers (Kupferfazies und Rote Fäule) und an einem Profil aus dem Thälmann-Schacht II (Kupferfazies). Daraus kann geschlossen werden, daß im Bereich der Profile mit Zn- bzw. Pb-Zn-Fazies während der Stabilisierung der heutigen Metallfaziesbereiche stärker reduzierende Bedingungen herrschten als in den Gebieten mit Kupferfazies. Gleiche Ergebnisse erhält man bei den paragenetischen Untersuchungen.

Als Beispiel seien hier kurz und stark schematisiert die Verhältnisse auf dem Profil parallel zur Achse der Sandsteinschiefermulde Sangerhausen—Mansfeld—Aderstedt dargestellt. Die Sandsteinschiefermulde nimmt von SW nach NE an Mächtigkeit zu. Die absoluten Kupfergehalte nehmen in gleicher Richtung ab. Desgleichen geht der Einfluß der Rotfäulefazies (das Redoxpotential und der durchschnittliche Inkohlungsgrad des Festbitumens) zurück. Das abnehmende Redoxpotential kann an Hand paragenetischer Untersuchungen belegt werden. Im S-Teil der Sangerhäuser Mulde ist reichlich Chalkosin vorhanden, während in der Mansfelder Mulde Bornit das Hauptkupfermineral darstellt (KNITZSCHKE 1961). Im Raum Aderstedt tritt neben Bornit und untergeordnetem Chalkosin bereits reichlich Chalkopyrit auf (KAEMMEL 1962). Weiter nordöstlich im Gebiet der Scholle von Calvörde sind die absoluten Buntmetallgehalte sehr niedrig. Kupfer tritt nur noch in Spuren, und zwar in Form von Chalkopyrit, auf.

Tektonische Lagerungsstörungen und Mineralisation

Neben der schichtigen Vererzung des Kupferschiefers treten in verschiedenen Kupferschieferbergbaugebieten (Richelsdorf, Sangerhäuser und Mansfelder Mulde) noch mineralisierte Störungen auf. In den ersten Jahrzehnten dieses Jahrhunderts wurde über die sog. „Rücken" und ihren Einfluß auf die Vererzung des Kupferschiefers viel diskutiert. Vor allem die Epigenetiker forcierten diese Diskussion. Die letzten Bearbeiter (KAUTZSCH 1953 und SCHÜLLER 1959) zeigten, daß es sich bei der Rückenparagenese um eine hydrothermale Vererzung handelt, die jünger als die syngenetisch-sedimentäre Vererzung ist. Bereits vorher war festgestellt worden, daß eine Beeinflussung des Kupfergehalts des Kupferschiefers von den Rücken aus bis maximal 20 m horizontal von den Salbändern entfernt nachweisbar ist (BRÜCKMANN 1898). Kupferanreicherungen und fehlende Beeinflussung sind nachgewiesen, ob auch Verarmungen auftreten, ist in der Literatur umstritten.

Wir sind der Meinung, daß die Rücken nur örtliche Bedeutung besitzen. Die Metallfaziesbereiche sind bereits prätektonisch angelegt. Größere Flözbereiche mit Kupferfazies können nicht durch Rückenbeeinflussung angelegt werden. Wo eine Kupferanreicherung ausschließlich durch Rückeneinfluß im Kupferschiefer mit Zinkfazies erfolgte, ist die Ausdehnung der Cu-angereicherten Flözteile gering (Bottendorf, Stolberg, Steigertal). Es ist nicht vorstellbar, daß in Rückennähe große Felder mit Kupferfazies sekundär entstehen können, da sonst sehr große Zn- und Pb-Mengen hätten abgeführt werden müssen. Alle Rückengebiete mit bedeutenderen Kupferanreicherungen befinden sich in Gebieten, wo auf Grund paläogeographischer und geochemischer Gesetzmäßigkeiten primär Kupferfazies vorliegt (Richelsdorf, Sangerhausen, Mansfeld). Zusammenfassend sei festgestellt, daß durch Rückenbeeinflussung nur die lokale Metallverteilung verändert werden kann. Die regionale Metallverteilung ist vom Rückenproblem unabhängig.

Zur Genese der kupferführenden Sedimente der Werra-Serie

Der Autor, der zuletzt eine zusammenfassende Darstellung der Genese des Kupferschiefers von Mansfeld gab, war SCHÜLLER (1959). Wegen der großen Resonanz seiner Arbeit in der Literatur muß hier besonders auf einzelne Punkte seiner Anschauungen eingegangen werden. Er teilte die Entstehung des Kupferschiefers in vier Etappen ein:

1. hydrothermale Vererzung von Vulkaniten mit Cu-Pb-Zn-Erzen;
2. Anreicherung des Verwitterungsschuttes der alten Lagerstätten im Sanderz als Seifenmaterial;
3. syngenetisch-sedimentäre Ausfällung der Verwitterungslösungen im Meer durch Mikroorganismen;
4. Bildung der Rückenvererzung in Gangspalten, die postpermisch sind.

Für das großräumige Vorhandensein von sulfidvererzten rotliegenden Vulkaniten brachten die inzwischen ökonomisch ergebnislos abgebrochenen Untersuchungen keinen Hinweis. Die gefundenen Vererzungsspuren gestatten keine Ableitung der großen Buntmetallmengen des Kupferschiefers. Abgesehen davon, daß das Auftreten bedeutender Vererzungen in den Vulkaniten Mitteldeutschlands nicht nachgewiesen wurde, gibt es stichhaltige Argumente gegen das Vorhandensein der eben erwähnten Seifensanderze. Läge Seifenmaterial vor, könnten wir einen Schuttfächer mit sulfidvererzten Porphyrgeröllchen beobachten, der von einem Abtragungsgebiet herzuleiten wäre. Eine paragenetische Differenzierung der Sulfidminerale im Schuttfächer könnte u. E. nicht eintreten. Es läßt sich jedoch, auch in den speziell von SCHÜLLER bearbeiteten Bohrungen der Edderitzer Mulde, eine deutliche paragenetische Differenzierung der Sulfidminerale in den vererzten Vulkanitgeröllchen entsprechend den geochemisch-faziellen Verhältnissen im Bereich Sanderz—Kupferschiefer nachweisen. Es treten immer nur die Sulfidminerale in den vererzten Vulkanitgeröllchen auf, die auf Grund der regionalen metallfaziellen Verhältnisse zu erwarten sind. Es handelt sich um sekundär vererzte Vulkanitgeröllchen. Speziell wird darauf noch an anderer Stelle eingegangen. SCHÜLLER deutet Beziehungen zwischen der heutigen Tiefenlage des Kupferschiefers und dem Auftreten von Chalkosin, Bornit oder Chalkopyrit an. Derartige Beziehungen bestehen nicht. Die Gesetzmäßigkeiten des Auftretens der Kupferminerale wurden weiter oben begründet.

Die im folgenden abgeleitete Entstehung der Buntmetallvererzungen in der Werra-Serie stellt eine Zusammenfassung der dargestellten Anschauungen dar, die aus der Diskussion der Vielzahl von Beobachtungen herausgearbeitet wurden. Um eine straffe Darstellung zu gewährleisten, werden die Literaturzitate hier meist nicht wiederholt. Da wir die Frage der Metallherkunft offenlassen, setzen wir das Vorhandensein der Metalllösungen im Zechsteinmeer voraus, ohne damit eine genetische Aussage zu verbinden.

Die rotliegende Landoberfläche war weitgehend eingeebnet. Auf Grund regionaler Senkungserscheinungen transgredierte das Zechsteinmeer vor allem auf die Verbreitungsgebiete des Rotliegenden und z. T. auch auf die eingeebneten Grundgebirgsschwellen. Ein Teil der Grundgebirgsschwellen behielt ihren Schwellencharakter bei und bildete Untiefen und Inseln im Zechsteinmeer. Das Meer, in dem der Kupferschiefer abgelagert wurde, war sehr flach (max. 50—100 m). Das ist daraus ersichtlich, daß geringfügige Reliefunterschiede des Meeresbodens, die durch Sandbarren hervorgerufen wurden, die an der Wende Rotliegend/Zechstein auftraten, bereits zum Auskeilen oder Ausdünnen des Kupferschiefers führten. Im Brandenburger Raum sind solche extremen Flachwasserbereiche sogar regional verbreitet. In den Flachwasserbereichen ist lokal oder auch regional das Meerwasser bis zum Boden gut durchlüftet. Es herrscht unruhige Sedimentation vor. Die Gebiete mit regionaler Verbreitung von Flachwasserfazies bleiben in ihrer Senkungstendenz gegenüber den Bereichen mit sapropelitisch ausgebildetem Kupferschiefer stark zurück. Es treten sogar Verhältnisse auf, wo, entsprechend den Vorstellungen Steinbrechers (1959), zumindest relative Hebungstendenzen vorhanden sind. Unserer Meinung nach kann man das an den Mächtigkeitsverhältnissen des Kupferschiefers, des Zechsteinkalkes und des Werraanhydrits sehr gut nachweisen. Auf den Untiefen, die von Flachwasser einer bestimmten Mindesttiefe bedeckt waren, beträgt die Zechsteinkalkmächtigkeit meist > 5 m. Sind zumindest relative Hebungstendenzen nachzuweisen, ist der Bereich erhöhter Karbonatsedimentation sehr breit angelegt, und beckenwärts legt sich dem Karbonatsaum der Schwelle ein ebenso breit angelegter Anhydritwall vor (Südbrandenburg). Bei bedeutenderen Reliefunterschieden zwischen Schwelle und Becken, d. h. bei stärkeren Senkungstendenzen im Becken, überlagern sich die Bereiche der maximalen Zechsteinkalk- und Werraanhydritablagerung stärker, und das Maximum der Anhydritabscheidung liegt dann mehr oder minder unmittelbar beckenwärts vor dem des Zechsteinkalks (z. B. E-Rand der Eichsfeld—Oberharz-Schwelle). Besondere Verhältnisse treten auf, wenn ein regionales Flachwassergebiet vor einer Schwelle, in dem fast allgemein Zechsteinkalkmächtigkeiten > 5 m vorhanden sind, an der Grenze Zechsteinkalk/Werraanhydrit eine plötzliche allgemeine Senkungstendenz aufweist, die zumindest bei der Ablagerung des Werraanhydrits die Schwelle mit ergriffen hat (Taunus—Oberharz-Schwelle, Richelsdorfer Gebiet). Dort ist auf Grund der Senkungstendenz das Maximum der Anhydritabscheidung zwischen den Top der Schwelle und das weite Gebiet mächtigen Zechsteinkalks gewandert. Eine derartige Entwicklung wurde bisher nur im Bereich des Nordwestrandes des Werrabeckens beobachtet. Vielleicht liegt hier der Schlüssel für die Sonderentwicklung des Werrabeckens. Die verhältnismäßig ausführlichen Erörterungen der vertikalen Bewegungen im Randbereich des Zechsteinbeckens sind notwendig, da die Ausbildung einer bestimmten Metallfazies von der Wassertiefe abhängig ist.

In den Bodenschichten des Wassers oder in den obersten Partien des Sediments, in denen ein niedriges Redoxpotential auftritt, wurden Metallsulfide durch bakteriell produzierten Schwefelwasserstoff ausgefällt. Die Maxima der Buntmetallfällung sind in becken- oder schwellenrandnahen Meeresteilen vorhanden. Der Kupferschiefer tieferer Beckenteile enthält zwar gegenüber anderen Sapropeliten größere Buntmetallanreicherungen, doch liegt die Summe der Cu-, Pb- und Zn-Gehalte niedriger als in den randnahen Vorkommen.

Die Metallfazies des Kupferschiefers ist von der Wassertiefe und damit vor allem von den Eh- und pH-Werten, die in den untersten Wasser- und obersten Sedimentschichten herrschen, abhängig. Die gefällten Metallmengen sind konzentrationsabhängig. Wodurch die Metallfaziesdifferenzierungen hervorgerufen werden, wurde noch nicht in vollem Umfang erkannt. Im ruhigen Flachwasserbereich tritt Zn-Fazies auf (Richter 1941 b, G. Ludwig 1962 a und b). Am Rand von bewegtem oder etwas tieferem Flachwasser (G. Ludwig 1962 a und b) ist Kupferfazies örtlich nachweisbar. Die Rinnen und Senken Richters stellen immer noch Flachwassergebiete dar. Ein zweiter Bereich mit Zn-Pb-Fazies ist in Richtung zum Beckeninnern vorhanden. Am einfachsten ist die Erklärung der Kupferfazies am Rand von Flachwassergebieten mit unruhiger Sedimentation. Wo auf Grund der guten Durchlüftung des Meerwassers ein hohes Redoxpotential herrschte, sind Kupferschiefer und Zechsteinkalk oder, beim Fehlen des Kupferschiefers, der Zechsteinkalk rot (Fe^{+++}-Verbindungen) und durch Chlorit und Biotit z. T. grünlich gefärbt (Rotfäulefazies). Im Übergangsbereich zu reduzierenden Bedingungen in etwas tieferem Wasser wird auf Grund des geringen Löslichkeitsprodukts des Cu_2S bei nur schwach reduzierenden Bedingungen (H_2S-Mangel!) zunächst fast ausschließlich Kupfersulfid gefällt. Mit abnehmendem Redoxpotential und zunehmender H_2S-Menge wird zunächst das Löslichkeitsprodukt des PbS und bald darauf das des Zinks erreicht. So treten beim Vorhandensein aller drei Metalle in unmittelbarer Nachbarschaft des Rotfäulegebiets ein Kupfersaum und in weiterer Entfernung zunächst ein Pb- und dann ein Zn-Saum auf. Schwerer verständlich ist das Nebeneinander von Cu- und Zn-Pb-Faziesbereichen in Flachwasserablagerungen ohne Rotfäulegebiete. Hier müssen einmal die paläogeographischen Untersuchungen verfeinert und zum anderen die Stabilitätsverhältnisse von Kupfer-, Blei- und Zinksulfiden zusammen unter wechselnden Eh—pH-Bedingungen betrachtet werden. Die gegenwärtig laufenden Arbeiten dürften auch diese offenen Probleme einer Klärung näherbringen.

Wir sind der Meinung, daß die sulfidischen Erzminerale erst während der Diagenese des karbonatisch-pelitischen Sediments gebildet worden sind, wie überhaupt die heutige Ausbildung des Kupferschiefers zum großen Teil durch syndiagenetische Vorgänge geprägt wird. Wir möchten besonders auf die zahlreichen Verdrängungserscheinungen hinweisen, die für das Auftreten der Sulfide charakteristisch sind. Es ist selbstverständlich, daß es während der Diagenese der Sedimente des unteren Teils der Werra-Serie zwischen den Gebieten hohen und niedrigen Redoxpotentials zu Veränderungen der Eh- und pH-Werte innerhalb der sich verfestigenden Sedimentschlämme kommt. Dabei treten je nach den Stabilitätsverhältnissen der Sulfide auch Stoffwanderungen auf. Örtlich gelangte in Südbrandenburg sapropelitischer Kupferschiefer unter oxydierende Bedingungen, was an Hand der Hämatitpseudomorphosen nach Pyrit nachgewiesen werden konnte (Knauer 1960). Abgesehen von den rückenbeeinflußten Flözgebieten bringt die Stabilisierung der Eh—pH-Verhältnisse im Sediment eine Beendigung der Stoffwanderungen und Ausbildung der gegenwärtig vorhandenen Mineralparagenesen und Mineralfaziesbereiche. Es kommt zu dem bekannten diagonalen Durchsetzen der Mineral- und Metallfaziesbereiche durch das Kupferschieferflöz, die liegenden klastischen Gesteine und den Zechsteinkalk am Rand von Rotfäulegebieten und zu dem z. T. engräumigen Pendeln der höchsten Kupfergehalte um die Kupferschieferunterkante.

Gebiete hohen Redoxpotentials treten nicht nur im Kupferschiefer und dem Zechsteinkalk, also mehr oder minder horizontal neben den Bereichen mit Sapropelfazies, sondern, wo klastische Rotliegendsedimente unter dem Kupferschiefer anstehen, auch in seinem Liegenden auf. Die Stabilisierung der Redoxverhältnisse unter dem in stark reduzierendem Milieu abgelagerten Kupferschiefer führt zur Ausbildung einer mehrere Meter bis Zehnermeter mächtigen Bleichungszone in den liegenden klastischen Sedimenten (Zechsteinkonglomerat und Weißliegendes dürften primär hellfarbig sein). Wo Rotfäulegebiete im Kupferschiefer vorhanden sind, beobachten wir im Liegenden entweder

„Zonen minimaler Entfärbung" (mündliche Mitteilung von Herrn Dr. JUNG), oder die Rotfärbung steigt diagonal aus dem Liegenden durch das Kupferschieferflöz bis in den Zechsteinkalk oder sogar den Werraanhydrit hinein auf. Es treten Verzahnungen der Faziesbereiche auf. Auf Grund der oben beschriebenen Einflüsse sind die bei verhältnismäßig hohem Redoxpotential stabilen Kupfermineralparagenesen im liegenden Teil der erzführenden Schichten und in der Nachbarschaft der Rotfäulegebiete vorhanden. So ergibt sich, daß das an Hand der Mineralparagenesen zu rekonstruierende Redoxpotential bei der Mineralbildung, sowohl vom Liegenden zum Hangenden als auch vom Rotfäulegebiet zum sapropelitischen Kupferschiefer hin, abnimmt. Dabei dürfte während der Ablagerung des Kupferschiefers das Redoxpotential parallel zum Gehalt an organischem Kohlenstoff vom Liegenden zum Hangenden abgenommen haben.

Durch die postpermischen Vererzungen von Verwerfungen und Flexuren im Kupferschiefer ist dessen Metall- und Mineralführung nur lokal und maximal auf wenige Zehnermeter seitlich der Spalten beeinflußt worden.

Abschließend sei hervorgehoben, daß die bedeutendsten lagerstättenkundlichen Erkenntnisse über den Kupferschiefer wohl das Erkennen des Zusammenhangs zwischen Paläogeographie und Metallführung durch GILLITZER und RICHTER und der Bedeutung der Roten Fäule für das Auftreten ökonomisch interessanter Kupfergehalte durch GILLITZER und KAUTZSCH darstellen. Die Verteilung der Buntmetalle im Sediment erfolgte auf Grund chemischer und physikochemischer Gesetzmäßigkeiten. Diese möglichst in vollem Umfang zu erkennen, ist Aufgabe einer modernen lagerstättenkundlichen Bearbeitung des Kupferschiefers.

Zusammenfassung

Es wurden die bekannten und neu erarbeiteten Kriterien des Auftretens von Cu-angereichertem Kupferschiefer zusammengestellt. Besonderer Wert ist auf die Klärung der gesetzmäßigen Zusammenhänge gelegt worden, die zwischen der paläogeographischen Situation, der petrographischen Ausbildung, der geochemischen Fazies, der Erzmineralparagenese und der Metallführung des Kupferschiefers und seines unmittelbaren Liegenden und Hangenden bestehen.

Резюме

Сопоставляются известные и новоразработанные критерии проявления обогащенных медью медистых сланцев. Особое значение придается выяснению закономерных связей между пелеогеографической ситуацией, петрографическим составом, геохимическими фациями, парагенезом рудных минералов и металлоносностью медистых сланцев и их непосредственно подстилающими и надстилающими слоями.

Summary

Criteria already known and newly elaborated for the occurrence of Cu enriched copper slate are specified. Special importance is attached to explaining regular connections between the paleogeographical situation, petrographical texture, geochemical facies, ore mineral paragenesis and metal content of the copper slate and its immediate floor and roof.

Literatur

BEYSCHLAG, F.: Zur Frage der Entstehung des Kupferschiefers. — Z. deutsch. geol. Ges., **72**, Mon.-Ber., S. 318—328, Stuttgart 1920.

BRANDES, T.: Sandiger Zechstein im alten Gebirge an der unteren Werra und Fulda und die Kontinuität des Landwerdens in Mitteldeutschland. — Z. Min. Geol. u. Pal., Jg. 1912, Nr. 21, S. 660—671, Stuttgart 1912.

BRÜCKMANN, P.: Die Lagerungsstörungen in der Mansfelder Zechsteinmulde. — Meldearb. 1898; in HOFFMANN: Erzführung und Erzverteilung.

DETTE, K.: Kernaufnahme der Erdölerkundungsbohrung Staakow 11/61. — Bericht VVB/FM, Berlin 1963.

EISENHUTH, K. H., & E. KAUTZSCH: Handbuch für den Kupferschieferbergbau. — Leipzig 1954.

EISENTRAUT, O.: Der Niederschlesische Zechstein und seine Kupferlagerstätte. — Arch. Lagerstättenf., Nr. 71, Berlin 1939.

ERZBERGER, R., F. KÖLBEL, I. RUSITZKA & R. TESSIN: Ergebnisbericht Südbrandenburg und angrenzende Gebiete. — Unveröff. Bericht EB Süd, Berlin 1963.

FREYBERG, B. v.: Paläogeographische Karte des Kupferschieferbeckens. — Jb. der Erf. d. mitteld. Bodensch., **4**, S. 266—324, Halle, 1923/24.

FULDA, E.: Zum Problem des Kupferschiefers. — Jb. preuß. geol. Landesanst., 49, S. 995—1002, Berlin 1928.

— Zechstein — Handbuch der vergleichenden Stratigraphie. — Berlin 1935.

GARRELS, R.: Mineral Equilibria. — New York 1960.

GILLITZER, G.: Die Geologie der Erzanreicherungen im mitteldeutschen Kupferschiefer. — Jb. Hall. Verb., **15**, S. 1—19, Halle 1936.

GUNZERT, G.: Über die Bedeutung nachträglicher Erzverschiebungen in der Kupferschieferlagerstätte des Richelsdorfer Gebirges. — Notizbl. hess. Landesamt Bodenf., **81**, H. 4, S. 258—283, Wiesbaden 1953.

HOFFMANN, W.: Erzführung und Erzverteilung des Mansfelder Kupferschiefers und die hieraus sich ergebenden mineralbildenden und umbildenden Vorgänge im Kupferschiefer. — Jb. Hall. Verb., **4**, S. 278—324, Halle 1923/24.

JUNG, W.: Die Sedimentationsverhältnisse während des Oberrotliegenden und Zechsteins im SE-Harzvorland. — Z. angew. Geol., **6**, H. 12, S. 598—604, Berlin 1960.

JUNG, W., R. FRANZ & M. PLANERT: TWZ-Reisebericht VR Polen 1961.

KAEMMEL, T.: Bericht zur petrographischen Bearbeitung der Kupferschieferfolge der Bohrungen Aderstedt 3, 4, 5, 6 und 8. — ZGI, Berlin 1962.

KAUTZSCH, E.: Untersuchungsergebnisse über die Metallverteilung im Kupferschiefer. — Arch. Lagerstättenf., H. 74, Berlin 1942.

— Tektonik und Paragenese der Rücken im Mansfelder und Sangerhäuser Kupferschiefer. — Geologie, **2**, H. 1, S. 4—24, Berlin 1953.

— Über die Sedimentation im Saaletrog im Bereich des östlichen Harzvorlandes während des Zechstein 1 und 2 (Eine Erwiderung). — Z. angew. Geol., **6**, H. 1, S. 36—37, Berlin 1960.

KNAUER, E.: Bericht über die erzmikroskopische Untersuchung der Kupferschieferbohrungen Dahme 2, Dahme 3, Schlieben 2 E und Luckau 1. — Unveröff. Bericht, ZGD, Berlin 1960.

KNITZSCHKE, G.: Vererzung, Hauptmetalle und Spurenelemente des Kupferschiefers in der Sangerhäuser und Mansfelder Mulde. — Z. angew. Geol., **7**, H. 7, S. 349—356, Berlin 1961.

KURZE, M.: Die Eislebener Schichten und das Weißliegende im Nordteil der Sangerhäuser Mulde. — Z. angew. Geol., **7**, H. 6, S. 413—415, Berlin 1961.

LUDWIG, G.: Eine Methode zum Nachweis hydrodynamisch-paläogeographisch bedingter Metallverteilungen. — Erzmetall, XV, H. 4, S. 201 bis 206, Stuttgart 1962 [1962a].

— Beziehungen zwischen Metallgehalten und Paläogeographie des Grauen Hardegsen-Tones im niedersächsischen Bergland. — Geol. Jb., **79**, S. 537—550, Hannover 1962 [1962b].

LUGE, I.: Grundprojekt Subherzynes Becken. — EB West, Halle 1963.

MANHEIM, F.: A geochemical profile in the Baltic Sea. — Geoch. et Cosmoch. Acta, Bd. 25, Nr. **1**, S. 52—70, 1961.

MEINECKE, F.: Das Liegende des Kupferschiefers. — Jb. kön. preuß. geol. Landesanst., Bd. 31, Teil II, H. 2, S. 253—296, Berlin 1910.

MERTKE, M.: Ergebnisbericht der geologischen Erkundungsarbeiten auf Kupferschiefer im Gebiet Alvensleben und Schönebeck 1957—1959. — Unveröff., Archiv VEB Geologische Erkundung West, Halle 1960.

MESSER, E.: Kupferschiefer, Sanderz und Kobaltrücken im Richelsdorfer Gebirge. — Hess. Lagerstättenarch., **3**, Wiesbaden 1955.

NEUHAUS, A.: Über die Erzführung des Kupfermergels der Haaseler und Gröditzer Mulde in Schlesien. — Z. angew. Min., **5**, S. 304, 1940.

PALMBERG, A. H.: Bitumen des Kupferschiefers. — Unveröff. Bericht, ZGI, Berlin 1963.

RENTZSCH, J., & M. LANGER: Fazielle Probleme des Kupferschiefers von Spremberg—Weißwasser. — Z. angew. Geol., **9**, H. 10, 507—513, Berlin 1963.

RICHTER, G.: Paläogeographische und tektonische Stellung des Richelsdorfer Gebirges im Hessischen Raum. — Jb. Reichsanst. Bodenf., Bd. **61**, 283—332, Berlin 1941 [1941a].

— Geologische Gesetzmäßigkeiten im Metallgehalt des Kupferschiefers. — Arch. Lagerstättenf., H. 73, Berlin 1941 [1941b].

— Paläogeographisch bedingte Eigentümlichkeiten im Metallgehalt des Kupferschiefers zwischen Kyffhäuser und Harz. — Z. prakt. Geol., **49**, H. 10, S. 113—124, Halle 1941 [1941c].

— Paläogeographische Grundlagen für die Erschließung des deutschen Kupferschiefers. — Technik, **2**, S. 366—368, Berlin 1947.

RICHTER-BERNBURG, G.: Zwei Beiträge zur Fazies, Tektonik und Kupferführung des Zechsteins I. Waldeck II. Nordsudeten. — Geol. Jb. f. 1949, **65**, Hannover 1951.

SCHOUTEN, C.: Metasomatische Probleme. — Amsterdam 1937.

SCHRÖDER, E.: Sedimentation und Tektonik im Jungpaläozoikum am östlichen Harzrande und in den Nachbargebieten. – Jb. preuß. geol. Landesanst., 55, S. 168–197, Berlin 1934.
SCHÜLLER, A.: Metallisation und Genese des Kupferschiefers von Mansfeld. – Abh. DAW Berlin; Kl. Chem., Geol., Biol., Nr. 6, 1959.
SKRIPTSCHENKO, N. S.: Oxydations-Reduktions-Bedingungen des Mediums als Ursache für die primäre Zonenbildung in einigen Kupferlagerstätten. – Geoch., Moskau 1963, H. 4, S. 402–409.
STEINBRECHER, B.: Die petro- und erzfazielle Differenzierung der Kupferschieferzone in der Edderitzer Mulde. – Z. angew. Geol., 5, H. 5, S. 201 bis 204, Berlin 1959.
– Die Sedimentation im Saaletrog im Bereich des östlichen Harzvorlandes während des Zechsteins 1 und 2. – Z. angew. Geol., 5, H. 9, S. 381–385, Berlin 1959.
– Genese und Altersstellung des mitteldeutschen Weißliegenden. – Unveröff., Archiv Staatl. Geol. Komm., Berlin 1960.
SUCKOW, R.: Mikrobiologische Untersuchungen zur Frage der Genese des Mansfelder Kupferschiefers. – Z. Zt. unveröff. Dissertation, Greifswald 1963.
THIEL & TRISCH: Kernaufnahme der Bohrung Hainich-Eigenrieden 3. – Bericht Erkundungsbetr. Gotha 1963.
TISCHENDORF, G., & H. UNGETHÜM: Über die Bedeutung des Reduktions-Oxydationspotentials (Eh) und der Wasserstoffionenkonzentration (pH) für Geochemie und Lagerstättenkunde. – Geologie, 13, H. 2, Berlin 1964.
TZSCHORN, G.: Zur Geologie und Petrographie des Zechsteinkalkes im Raum Spremberg–Weißwasser. – Z. angew. Geol., 9, H. 11, S. 561 bis 568, Berlin 1963.
WAGNER: Kernaufnahme der Bohrung Staakow 7. – Bericht Erkundungsbetrieb Mittenwalde 1961.
WIENERT, F.: Die Bildungsbedingungen der sulfidischen Kupfer- und Eisenerze mit besonderer Berücksichtigung des mitteldeutschen Kupferschiefers. – Jb. Hall. Verb., 4, S. 192–224, Halle 1923/1924.

Suche nach tiefliegenden Erzkörpern mit Hilfe von Elementen, die ausgedehnte Dispersionshöfe bilden[1]

M. A. LAPP & B. A. SUDOW, UdSSR

Zur Zeit bilden unter oberflächennahen Bedingungen gelegene Lagerstätten die Hauptquelle mineralischer Rohstoffe. Die Möglichkeit neuer Entdeckungen verringert sich mit jedem Jahr. Die Deckung des ständig wachsenden Bedarfs der Volkswirtschaft an Erzrohstoffen ist — besonders in wirtschaftlich erschlossenen Gebieten, wo die Reserve der leicht auffindbaren Lagerstätten fast völlig erschöpft ist — durch die Nutzung tiefliegender und verdeckter Erzkörper und Lagerstätten möglich.

Tatsächlich ist, wie die von W. I. KRASNIKOW (1959) durchgeführten Berechnungen zeigen, die Reserve verdeckter Lagerstätten, die bis zu einer Teufe von 1000 m liegen, in der UdSSR den Erzvorräten nach über sechsmal größer als die Reserve an oberflächennahen Lagerstätten.

Die gebräuchlichen geochemischen Suchmethoden gestatten es, Erzkörper nachzuweisen, die in Teufen von einigen Dutzend Metern und nur in einzelnen günstigen Fällen auch tiefer liegen. Die Erhöhung der Effektivität geochemischer Suche nach tiefliegenden Erzkörpern und Lagerstätten ist möglich durch die Suchmethode nach primären Dispersionshöfen unter Ausnutzung der Höfe leichtmigrierender Elemente, die zu ausgedehnter Dispersion neigen. Eine solche Ausrichtung der geochemischen Sucharbeiten wird begründet durch eine Reihe von Darlegungen und Folgerungen, die in den Arbeiten von W. I. WERNADSKIJ, A. E. FERSMAN und N. I. SAFRONOW (1954a, 1954b, 1954c, 1936, 1962a und 1934) angeführt werden.

Ausgehend von den Vorstellungen über die erhebliche Mobilität der Höfe von Elementen weiter Dispersion und über ihre mögliche Unbeständigkeit in der Zeit, wurden auf einigen hydrothermalen Lagerstätten Armeniens (in Gebieten mit junger Metallogenie) Untersuchungsarbeiten durchgeführt.

Die Methodik bestand in folgendem: Bei erkundeten und in Abbau befindlichen Lagerstätten wurden Gesteinsproben aus Bohrkernen und aus unterirdischen und oberirdischen bergmännischen Auffahrungen entnommen. Die Probenahme erfolgte nach Profilen, die die Erzkörper schneiden und über den verdeckten Erzkörpern verlaufen. Jede Probe bestand aus einigen kleinen Gesteinsstücken, die ein Gesamtgewicht von 50 bis 100 g hatten. Für eine Probe wurde nur Gestein ausgewählt, das nicht durch Verwitterung verändert ist. Das Beprobungsintervall betrug von 3–5 m bis 10 bis 25 m. In einzelnen Fällen wurde der Abstand zwischen den Probenahmepunkten verringert.

Die ausgewählte Probe wurde zerkleinert, bis 0,01 mm zerrieben und chemisch analysiert. Die Jodbestimmung wurde nach der im VITR und von A. D. MILLER, L. A. SCHNEJDER & A. P. KARAWAJKOWA ausgearbeiteten Methode vorgenommen. Die Empfindlichkeit der angewandten Methodik betrug bei einer Probeeinwaage von 0,5 g $2 \cdot 10^{-5}\%$ (0,2 γ/g). Ihre Genauigkeit war bei geringeren Jodgehalten (bis 0,5 γ/g) ± 25–30%; bei Jodgehalten von mehr als 1 γ/g erhöhte sie sich bis ± 10 bis 11%. Die Methodik zeichnet sich durch die Einfachheit der Ausführung und durch die Möglichkeit aus, solche Analysen auch unter Feldbedingungen auszuführen.

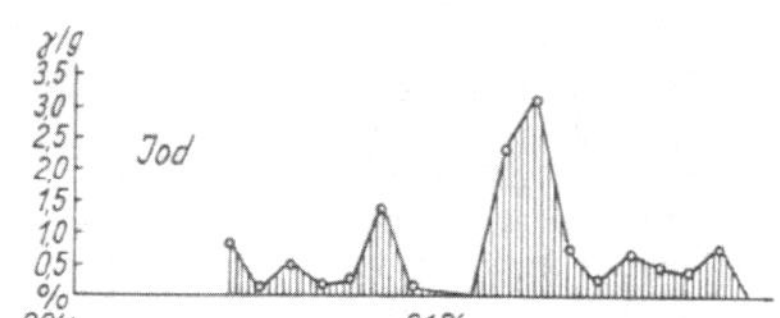

Abb. 1. Gehalt an Jod und erzbildenden Elementen in einer bergmännischen Auffahrung, die den Erzkörper schneidet

Zeichenerklärungen Abb. 1–4

1 – Quarzporphyre, 2 – Porphyrite, 3 – Andesite, 4 – hydrothermal veränderte Zonen, 5 – Derberze, 6 – Imprägnationserze, 7 – tektonische Störungen, 8 – Probenahmepunkte, 9 – Elementgehalte in den Proben

[1] Aus: „Sowjetskaja geologija", Nr. 10, S. 113–119, Moskau 1963 (etwas gekürzt). Übers.: TZSCHORN, Berlin.

Außer Jod wurden in den Proben spektralanalytisch Blei, Zink, Kupfer, Arsen, Antimon, Silber, Molybdän und andere Elemente festgestellt.

Im Ergebnis der Arbeiten wurde das Vorhandensein von Dispersionshöfen des Jods über den verdeckten Erzkörpern der hydrothermalen Lagerstätten Armeniens festgestellt.

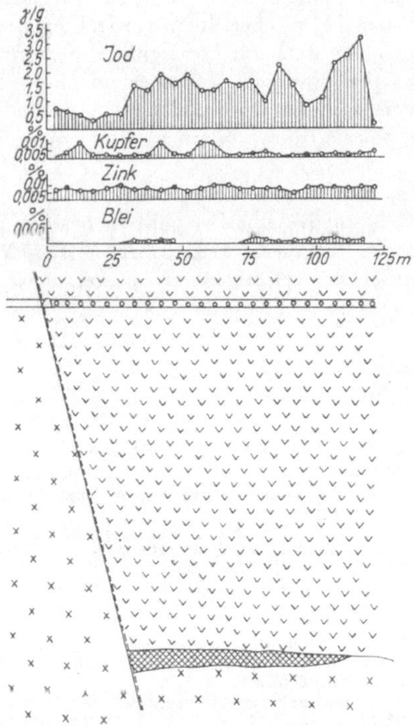

Abb. 2. Gehalt an Jod und erzbildenden Elementen in einer bergmännischen Auffahrung, die über einem verdeckten Erzkörper liegt

Die Hauptuntersuchungen wurden auf einer der polymetallischen Lagerstätten angestellt. Sie liegt in einer vulkanogenen Juraschicht und ist an den Kontakt von Erz enthaltenden Quarzporphyren mit den sie überlagernden Porphyriten gebunden. Die Erzkörper sind linsenförmig. Ein Teil von ihnen streicht an die Oberfläche aus. Das Vorhandensein zahlreicher bergmännischer Auffahrungen gestattet es, Untersuchungen auf Profilen durchzuführen, die sowohl durch die anstehenden als auch über die verdeckten Erzkörper verlaufen.

Die Untersuchungsergebnisse erlauben es, einige allgemeine Gesetzmäßigkeiten herauszuarbeiten, die für die Dispersionshöfe des Jods charakteristisch sind, unabhängig von der stofflichen Zusammensetzung der Erzkörper und dem Charakter der Nebengesteine und überlagernden Schichten. Es wurde festgestellt, daß der Jodgehalt in den Erzkörpern selbst gewöhnlich minimal ist im Vergleich zu seinem Gehalt in den Neben- und überlagernden Partien.

Proben, die in einer horizontalen Auffahrung entnommen wurden, die den Erzkörper einer polymetallischen Lagerstätte durchschneidet, zeigen folgende Jodverteilung im horizontalen Schnitt des Erzkörpers (Abb. 1).

In der Erzzone mit hohem Gehalt erzbildender Elemente beträgt der Jodgehalt 0,12 γ/g. Der Dispersionshof des Jods tritt bei horizontalem Schnitt in einem Abstand von 5—25 m vom Erzkörper zutage. Höfe der erzbildenden Elemente können bei 5—10 m beobachtet werden. Die Dispersionshöfe von Blei, Zink, Kupfer und Jod sind also im horizontalen Schnitt des Erzkörpers praktisch gleich groß.

Ebensolche Ergebnisse wurden bei horizontalen Schnitten über Erzkörpern anderer Lagerstätten Armeniens erzielt.

Zur Klärung des Verhaltens von Jod über dem Erzkörper wurde eine bergmännische Auffahrung ausgewählt, die in den Porphyriten 122 m über der oberen Grenze des Erzkörpers vorgetrieben wurde (Abb. 2). Die Blei-, Zink- und Kupfergehalte schwanken in den Proben, die aus dieser Auffahrung entnommen wurden, innerhalb der Grenzen des Untergrunds. Einige vereinzelte Kupferanomalien (bis 0,01%) sind mit der Pyritisierung der Porphyrite verbunden. Gleichzeitig zeigt das Jod einen deutlichen Dispersionshof, der in den Porphyriten über dem Erzkörper festzustellen ist und der etwa dessen Grenzen umreißt. Der Jodgehalt über dem Erzkörper schwankt zwischen 0,8 und 3,2 γ/g und beträgt abseitig weniger als 0,72 γ/g.

Den Verteilungscharakter des Jods und der erzbildenden Elemente über dem Erzkörper kann man auch an den Analysenergebnissen des Kerns einer Bohrung verfolgen, die den Erzkörper durchteufte (Abb. 3). Wie aus dieser zu ersehen ist, werden Dispersionshöfe von Blei, Zink, Silber und Arsen in den Porphyriten über dem Erzhorizont nicht festgestellt. Gleichzeitig breitet sich der Dispersionshof des Jods praktisch bis zur Erdoberfläche aus. Der Jodgehalt erreicht dabei 0,72 γ/g; das übertrifft den Untergrundgehalt mehr als sechsmal.

Analoge Ergebnisse wurden bei der geochemischen Untersuchung anderer Bohrlöcher und bergmännischer Auffahrungen erzielt.

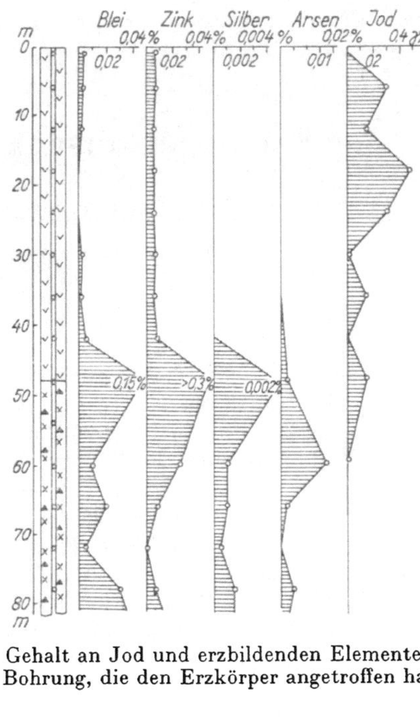

Abb. 3. Gehalt an Jod und erzbildenden Elementen in einer Bohrung, die den Erzkörper angetroffen hat

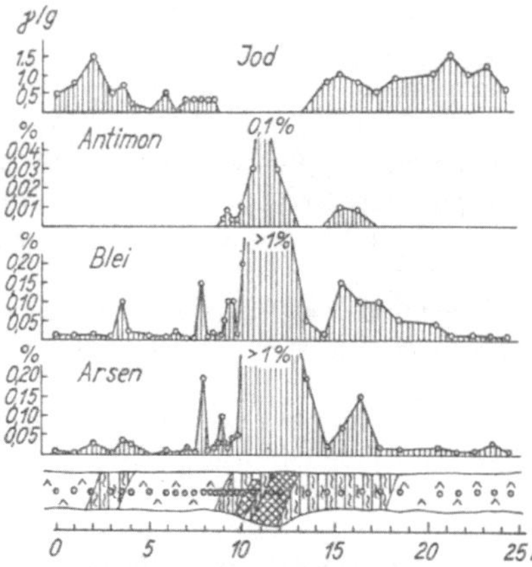

Abb. 4. Gehalt an Jod und erzbildenden Elementen in Proben, die aus einem senkrecht zum Erzkörper verlaufenden Schurf entnommen wurden

Es wurden auch Arbeiten zur Untersuchung der Jodverteilung in Proben von der Oberfläche angestellt. Mit diesem Ziel wurde eine Reihe von Lagerstätten Südostarmeniens untersucht. In Abb. 4 sind die Ergebnisse geochemischer Untersuchungen auf einer in veränderten Andesiten gelegenen Arsenlagerstätte angeführt. Wie hier zu sehen ist, kann am Profil, das den Erzkörper senkrecht schneidet, ein Dispersionshof des Jods festgestellt werden. Genau wie bei den polymetallischen Lagerstätten wird der Erzkörper selbst durch minimale Jodgehalte charakterisiert. Seitlich des Erzkörpers ist ein Dispersionshof durch Gehalte bis zu 1,0–1,5 γ/g Jod vorhanden.

Dispersionshöfe des Jods sind also bei hydrothermalen Lagerstätten verschiedener stofflicher Zusammensetzung und in unterschiedlicher geologischer Situation festzustellen.

Schlußbetrachtungen

Die Arbeiten zeigen, daß sich über verdeckten Erzkörpern hydrothermaler Herkunft primäre Dispersionshöfe des Jods bilden, die größer sind als die der erzbildenden Elemente.

Die Verbreitung der Dispersionshöfe des Jods hängt nicht von der lithologischen Zusammensetzung der Gesteine ab, die den Erzhorizont überlagern, während die überlagernden Gesteine für die erzbildenden Elemente undurchdringbar sind.

Es wird eine Tendenz zur vornehmlich vertikalen Verbreitung der Dispersionshöfe von Jod festgestellt. Sie konnten bis zu 122 m über einem verdeckten Erzkörper nachgewiesen werden. Im horizontalen Schnitt durch den Erzkörper sind die Joddispersionshöfe in Abständen von wenigen Dutzend Metern verbreitet. Die Erzkörper werden durch minimale Jodgehalte charakterisiert.

Die bisherigen Untersuchungen zeigen, daß die ausgearbeitete Methodik eine Perspektive besitzt. Die Arbeiten müssen fortgesetzt werden. Die Methodik ist besonders unter den Bedingungen älterer metallogenetischer Provinzen zu überprüfen.

Literatur

FERSMAN, A. E.: Geochemie, Bd. 2, Kap. 5 (1934) (russ.).
– Ausgewählte Weike, Bd. 3. – Isd. AN SSSR, Moskau 1955.
KRASNIKOW, W. I.: Die rationelle Suche von Erzlagerstätten. – Gosgeoltechisdat, Moskau 1959.
MILLER, A. D., L. A. SCHNEJDER & A. P. KARAWAJKOWA: Eine hochempfindliche Methode der Jod- und Chlorbestimmung in Gesteinen, Wässern und Auszügen. – VITR, ser. obmen opytom, vyp. 63 (1963).
NEJERBERGER, Dsh. I.: Uran in den magmatischen Gesteinen der USA. – Im Sammelband: „Geologie der Atomrohstoffe". – Gosgeoltechisdat, Moskau 1956.
SAFRONOW, N. I.: Zur Frage über „Dispersionshöfe" von Erzlagerstätten und deren Verwendung bei der Suche und Erkundung. – Problemy sovetskoj geologii, Nr. 4 (1936).
– Grundlagen der geochemischen Suchmethoden von Erzlagerstätten. Methodische Anleitung, Teil 1. – VITR, ser. obmen opytom, vyp. 50 (1962a).
– Zur Theorie der primären Dispersionshöfe. – Tr. VITR. Novoje v metodike i technike geol. razv. rabot, sb. 5 (1962b).
WERNADSKIJ, W. I.: Die Paragenese der chemischen Elemente in der Erdrinde. – Ausgew. Werke, Bd. 1, Isd. AN SSSR, Moskau 1954a.
– Die chemischen Elemente und der Mechanismus der Erdrinde. – Ausgew. Werke, Bd. 1, Isd. AN SSSR, Moskau 1954b.
– Über die Dispersion der chemischen Elemente. – Ausgew. Werke, Bd. 1, Isd. AN SSSR, Moskau 1954c.

Zur Endlaugenversenkung im Südharzkalirevier[1])

GERD SEIDEL, Jena

(Mitteilung aus dem VEB Geologische Erkundung West, Betriebsabteilung Jena)

Vorbemerkungen

Im Südharzkalirevier sind die Hartsalzvorräte in der Nähe einiger Gruben in absehbarer Zeit erschöpft. Andererseits stehen z. T. in den Grubenfeldern ausgedehnte Carnallititvorkommen an. So sind insbesondere im Kaliwerk „Karl Liebknecht", Bleicherode, die Hartsalzvorräte begrenzt, während zwischen den Schächten Bleicherode 1/2 und Ludwigshall– Immenrode sowie den Schächten des Nordhäuser Kaliwerkes Carnallitit in großer Menge auftritt. Der Carnallitit liegt in günstigen Teufen von 500–700 m und besitzt große bauwürdige Mächtigkeiten bis zu 40 m. Da im Liegenden des Carnallititlagers große Staßfurt-Steinsalzmächtigkeiten vorhanden sind, ist auch eine gute Mechanisierung des Abbaus möglich. Bei der Carnallititverarbeitung fallen jedoch umfangreiche Endlaugen an. Deshalb richtete bereits die Wintershall-AG im Jahre 1944 an das damalige Reichsamt für Bodenforschung die Frage, ob eine Endlaugenversenkung möglich sei. F. DEUBEL nahm 1946 in einem Gutachten zu der Frage einer Endlaugenversenkung für das Kaliwerk Bleicherode Stellung. Er wies darauf hin, daß diese im Hauptdolomit am südlichen Auslaugungsrand des Harzes möglich sei. In diesem sowie in nachfolgenden Gutachten wurden

[1]) Eingang des Manuskripts in der Redaktion: 28. 11. 1963

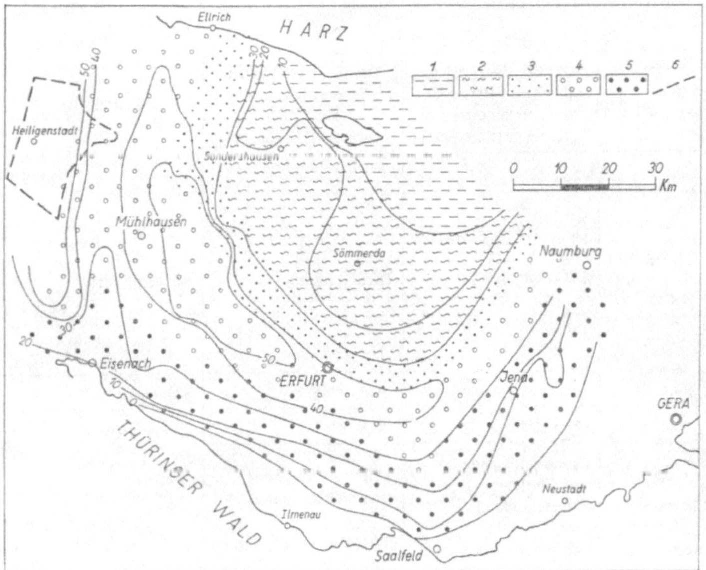

Abb. 1. Fazies und Mächtigkeitskarte des Ca2 i. w. S. vom Thüringer Becken

1 – Stinkschiefer; 2 – dünnplattiger oder oolithischer sowie dichter Dolomit mit Muschelzone und Stinkschiefer oder Algenzone; 3 – Fazies mit Zone des dünnplattigen Dolomits, Muschelzone, Algenzone und Zone des hellen dichten Dolomits; 4 – wie 3, jedoch noch zuoberst Zone des hellen dichten und oolithischen Dolomits; 5 – Dolomit ohne Gliederung; 6 – Untersuchungsgebiet

die dichte Ausbildung sowie geringe Mächtigkeit des Hauptdolomits, die geringe Ausdehnung des möglichen Versenkungsraums, die Gefährdung der Grubenbaue durch erhöhten Laugenaustritt und die Gefahr der Versalzung von Trinkwässern durch den Ausstrich der Schichten des Zechsteins sowie der Trias am Harz hervorgehoben (s. a. E. STOLLE 1958).

In der Folgezeit kam man wieder auf das Projekt eines Endlaugenkanals in die Saale oder Elbe zurück. Da jedoch die Ausführung eines solchen Projekts enorme Geldmittel sowie entsprechende Baumaterialien und -kapazitäten erfordert, ist nach wie vor die Frage nach günstigen Versenkungsmöglichkeiten offen. In den letzten Jahren wurden durch mehrere Kalibohrungen des VEB Geologische Erkundung West, Betriebsabteilung Jena, große Auslaugungsgebiete im Raum Leinefelde—Heiligenstadt—Martinfeld nachgewiesen. Im Zusammenhang mit den bereits bekannten Auslaugungsgebieten (C. DIETZ 1923—1925) ergibt sich die Möglichkeit einer großräumigen Endlaugenversenkung in dem hier verhältnismäßig mächtigen und faziell günstigen Hauptdolomit.

Speicher

Die Schichten der Trias scheiden für eine Laugenversenkung aus, da sie überall zur Wassergewinnung genutzt werden. So bewirkte z. B. die Endlaugenversenkung im Muschelkalk südlich der Hainleite die Versalzung von Brunnen (C. DIETZ 1930). Die Schichten im Liegenden des Zechsteins scheiden wegen ihrer geringen Wasseraufnahmefähigkeit ebenfalls aus. Der im Werragebiet für die Endlaugenversenkung so günstige Plattendolomit (W. HOPPE 1962) ist im Südharzgebiet nicht entwickelt. Die Mächtigkeit und Verbreitung des Werrakarbonats reicht nicht aus, um größere Laugenmengen aufzunehmen. Der günstigste Horizont ist der Staßfurtdolomit (F. DEUBEL 1946, E. STOLLE 1958). Die ungleichförmige Mächtigkeit und Ausbildung desselben läßt eine unterschiedliche Laugenaufnahme erwarten. Deshalb soll im folgenden auf die Mächtigkeit und Ausbildung des Staßfurtdolomits im Thüringer Becken eingegangen werden.

In der nachfolgenden Tabelle werden die verschiedenen Faziestypen und deren Parallelisierungen aufgeführt. Bei älteren Bohrungen sind die in der Tabelle ausgehaltenen Faziestypen in der Regel nicht ausgeschieden worden. Deshalb mußten in der Mächtigkeitskarte die Karbonate zwischen Oberem Werraanhydrit und Basalanhydrit zusammen (als Staßfurtkarbonat i. w. S.) dargestellt werden (Abb. 1).

Die geringmächtige Ausbildung (weniger als 10 m) des Staßfurtkarbonats i. w. S. der Sangerhäuser und Mansfelder Mulde reicht im Gebiet der Schmücke noch bis ins Thüringer Becken. Von da ab nimmt die Mächtigkeit nach W, S und E zu. Auf der Linie Sollstedt—Langensalza—Bad Berka—Bad Sulza besitzt das Staßfurtkarbonat die größten Mächtigkeiten. Dieser Karbonatwall weist am Ostabhang der Eichsfeldschwelle die größten Mächtigkeiten des Thüringer Beckens (über 50 m) auf. Im Bereich der Eichsfeldschwelle (zwischen Ohmgebirge und Mihla) nimmt die Mächtigkeit auf weniger als 40 m ab. Am Westabhang der Eichsfeldschwelle stellen sich wieder Mächtigkeiten von über 50 m ein. Von dem Karbonatwall ab nimmt die Mächtigkeit nach SW, S und SE bis zum Wert Null ab. Die Verbreitungsgrenze des Hauptdolomits verläuft von Schmerbach (Bl. Eisenach-Ost) über Stadtilm, Saalfeld, Bürgel bis in die Gegend von Tünschütz.

Die reine Stinkschieferfazies kommt in der Sangerhäuser und Mansfelder Mulde vor und reicht lediglich im Gebiet der Schmücke bis in das Thüringer Becken (Abb. 1). Der ca. 5 m mächtige Stinkschiefer besteht aus einer mm-starken Wechsellagerung von hellen und dunklen Karbonatlagen. Im Gebiet der Schmücke folgen darunter der Werraanhydrit und darüber der Basalanhydrit. Die Bohrungen Schneidteil 1 und 2 (südöstlich von Sondershausen) trafen unter Basalanhydrit und Stinkschiefer die Muschelzone an. Sie besteht aus einem ca. 2 m mächtigen schwarzen Dolomit, der mit zahlreichen Zweischalerresten durchsetzt ist. Darunter folgt ein 13 m mächtiger heller oolithischer und dichter Dolomit. Zwischen diesem Dolomit und dem Werraanhydrit liegt eine 12 m mächtige Wechsellagerung von Anhydrit und Dolomit. Das Profil von Ludwigshall—Immenrode (s. Tab.) zeigt einen ähnlichen Aufbau wie in den Bohrungen Schneidtal. Zwischen Muschelzone und Basalanhydrit befindet sich hier jedoch statt des Stinkschiefers die Algenzone. Da der Stinkschiefer also zwischen den gleichen Schichten wie die Algenzone liegt, kann man die beiden Zonen parallelisieren. In Abb. 1 wurden die Faziestypen Ludwigshall—Immenrode und Schneidtal als eine Fazieszone ausgeschieden, die von Nordhausen über Straußfurt, den Ettersberg

Tabelle

Randausbildung des Hauptdolomits	Hauptdolomit vom Typ Forstberg (F. DEUBEL 1954, H. GAERTNER 1954)	Hauptdolomit vom Typ Volkenroda (F. DEUBEL 1954, H. GAERTNER 1954)	Profil UT-Bohrungen im Schacht Ludwigshall–Immenroda (H. GAERTNER 1954)	Profil der Bohrungen Schneidtal 1 u. 2 südöstlich von Sondershausen	Schmücke
Basalanhydrit	Basalanhydrit	Basalanhydrit	Basalanhydrit	Basalanhydrit	Basalanhydrit
ungegliederter heller, dichter und oolithischer Dolomit, z. T. mit Tonstein an der Basis wechsellagernd	Zone des hellen dichten und oolithischen Dolomits (Zone 5)	Zone des dunklen, dichten Dolomits (Zone 4)			
	Zone des dunklen dichten Dolomits (Zone 4)				
	Algenzone (Zone 3)	Algenzone (Zone 3)	Algenzone	Stinkschiefer	Stinkschiefer
	Muschelzone (Zone 2)	Muschelzone (Zone 2)	Muschelzone	Muschelzone	Werraanhydrit
	Zone des dünnplattigen kristallinen Dolomits (Zone 1)	Zone des dünnplattigen kristallinen Dolomits (Zone 1)	heller oolitischer und dunkler, dichter Dolomit	heller oolithischer und dichter Dolomit	
Werraanhydrit	Werraanhydrit	Werraanhydrit	Werraanhydrit	Wechsellagerung von Anhydrit und Dolomit	
				Werraanhydrit	

bis Bad Bibra verläuft. Dieser Faziestyp kommt neben der reinen Stinkschieferfazies im inneren Teil der Thüringischen Senke, dem Gebiet zwischen der Eichsfeldschwelle und dem SE-Rand des Thüringer Beckens, ebenfalls vor. Weiter zum Beckenrand bzw. zur Eichsfeldschwelle hin ist ein anderer Faziestyp des Staßfurtkarbonats ausgebildet. An Stelle der in den Profilen Ludwigshall—Immenrode und Schneidtal vorkommenden mehr als 10 m mächtigen, z. T. oolithischen sowie hellen Dolomite liegt ein 2—5 m mächtiger dünnplattiger, kristalliner Dolomit vor (s. Tab.). Weiterhin schiebt sich im Profil vom Typ Volkenroda zwischen Algenzone und Basalanhydrit noch ein 0—30 m mächtiger dunkler dichter Dolomit ein. Die Mächtigkeitszunahme des Staßfurtkarbonats in dem Karbonatwall ist auf diese Folge zurückzuführen.

Weiter zum Beckenrand hin bzw. auf der Eichsfeldschwelle wird der obere Teil des dunklen dichten Dolomits (Zone 4) in zunehmendem Maß von oolithischem Dolomit durchsetzt. Dadurch ist es möglich, eine Folge des dichten und oolithischen Dolomits (Zone 5) auszuscheiden. Diese Fazies vom Typ Forstberg (F. DEUBEL 1954, H. GAERTNER 1954) kommt im Bereich der Eichsfeldschwelle und in einem 8—20 km breiten Streifen am SW- und SE-Hang der Thüringischen Senke vor. Der Faziesgürtel verläuft von Mühlhausen über Langensalza, Bad Berka nach Bad Sulza. Zwischen diesem Gürtel und der Verbreitungsgrenze des Staßfurtdolomits tritt ein heller dichter Dolomit auf, der nicht zu gliedern ist.

Für die Laugenaufnahme ist der dichte und geringmächtige Stinkschiefer am ungünstigsten. Etwas besser ist die Fazies mit dem dünnplattigen oder oolithischen sowie dichten Dolomit mit Muschelzone und Stinkschiefer oder Algenzone zu bewerten. Die Fazies erreicht zwar große Mächtigkeiten, weist jedoch nach den Erfahrungen in Erdölbohrungen nur Porositäten von weniger als 2% auf. Am günstigsten für die Laugenaufnahme ist die Fazies, in der neben den obenbeschriebenen Zonen im oberen Teil noch die Zone des hellen dichten und oolithischen Dolomits vorkommt. Dieser Faziestyp mit größerem Porenvolumen im oberen Teil des Hauptdolomits ist in Westthüringen an die Eichsfeldschwelle gebunden. Die Mächtigkeiten betragen ca. 35—55 m. Im Vergleich zum Plattendolomit (20—30 m mächtig) des Werragebiets hat der Hauptdolomit fast die doppelte Mächtigkeit.

Deckgebirge

Im ausgelaugten Zechsteinprofil liegen über dem Hauptdolomit in Westthüringen 1—5 m Basalanhydrit, 10—20 m Grauer Salzton, ca. 30—40 m Hauptanhydrit, 1—5 m Roter Salzton, ca. 5—8 m Oberste Zechsteinletten und 320—350 m Unterer Buntsandstein. Das tiefste im Kern des Leinefelder Sattels zutage tretende Schichtglied ist der Mittlere Buntsandstein. Von diesem sind z. T. nur wenige Meter erhalten geblieben.

In den ausgelaugten Kalibohrungen in Westthüringen treten der Graue Salzton, der Rote Salzton, die Obersten Zechsteinletten und der Bröckelschiefer als Einsturzbrekzien auf. Diese an sich tonigen Schichten dürften daher kaum als Abdichtung gegen das Hangende wirken. Der vergipste Basalanhydrit stellt wegen seiner geringen Mächtigkeit keinen Abdichtungshorizont dar. Auch der 30—40 m mächtige, mehr oder weniger vergipste Hauptanhydrit dürfte nur einen begrenzten Schutz gegen das Hangende bieten. Nach Beobachtungen an Bohrkernen ist der Untere Buntsandstein über dem Bröckelschiefer in Auslaugungsgebieten nur wenig zerrüttet. In Nordwestthüringen ist er toniger als im Werragebiet ausgebildet. Er bietet deshalb in NW-Thüringen einen größeren Schutz gegen das Hangende als im Werragebiet. Um eine Gefährdung der Trinkwasserversorgung zu vermeiden, sind entsprechende hydrogeologische Beobachtungen anzustellen.

Tektonischer Bau

Der tektonische Bau des Untersuchungsgebiets geht aus der Höhenlinienkarte der Oberkante des Basal-

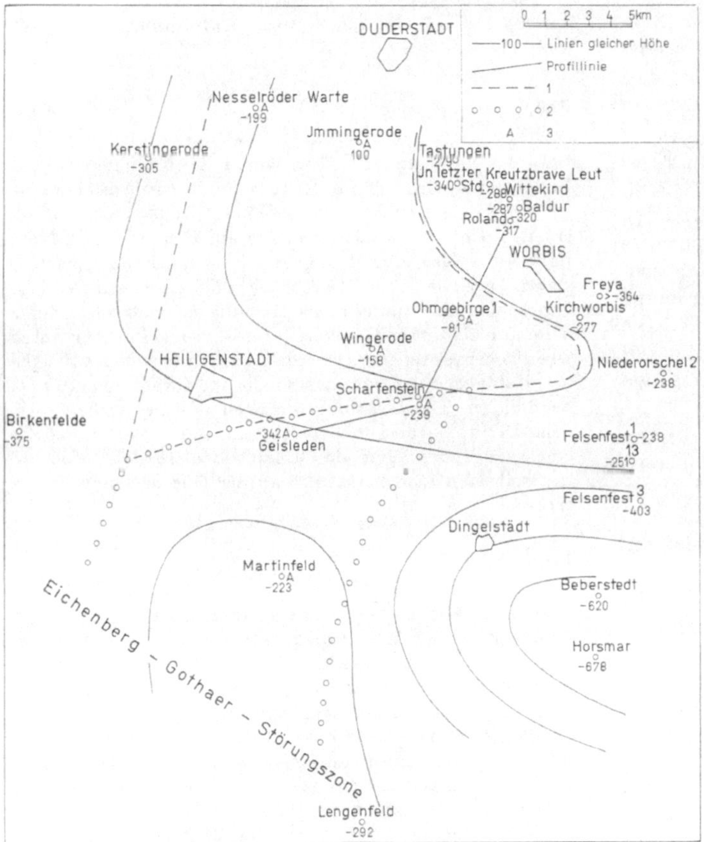

Abb. 2. Höhenlinienkarte Oberkante Basalanhydrit

1 — Auslaugungsgebiet Leinefelder und Duderstädter Sattel, 2 Auslaugungsgebiet Martinfeld, 3 — Profil ausgelaugt

anhydrits hervor (Abb. 2). Diese wurde als Bezugsfläche gewählt, da die meisten Bohrungen nur den Basalanhydrit erreichten. Auf Grund der geringen Mächtigkeit desselben (1—5 m) ist der eingehende Fehler für die Betrachtung der Lagerungsverhältnisse des Hauptdolomits ohne Bedeutung.

Das beherrschende Element im Untersuchungsgebiet ist der Leinefelder Sattel. Er streicht herzynisch, biegt aber in seinem Westteil in den rheinisch streichenden Duderstädter Sattel um (Abb. 2).

Der Leinefelder Sattel (C. Dietz 1923 bis 1925) wird im Norden von der Ohmgebirgsmulde und im Süden von der Mühlhäuser Mulde begrenzt. In seinem Kern tritt der Mittlere Buntsandstein zutage, in den beiden begrenzenden Mulden ist noch der Muschelkalk erhalten geblieben (Abb. 3). Der Leinefelder Sattel sowie die Ohmgebirgs- und Mühlhäuser Mulde sind als normalherzynische Pressungsformen zu deuten. Bei Leinefelde wird der Sattel von der rheinisch streichenden Ohmgebirgsgrabenzone durchzogen. Wie der Holunger Graben dürfte auch der im Untersuchungsgebiet auftretende Worbiser Graben Zerrungscharakter haben. Wahrscheinlich gleichen sich im Zechstein — ähnlich wie im Holunger Graben — die großen Abschiebungen des Deckgebirges weitgehend aus. So dürfte die Ohmgebirgsgrabenzone eine Laugenwanderung vom Ostteil zum Westteil des Leinefelder Sattels kaum behindern. Ein ähnlich gebauter rheinischer Graben tritt noch bei Uder auf. Durch die Bohrungen Martinfeld und Geisleden (Abb. 2) wurde ein nahezu N—S streichender Sattel nachgewiesen.

Bei der Bildung der verschiedenen tektonischen Elemente dürfte auch eine weitgehende Klüftung im Hauptdolomit entstanden sein. Entsprechend dem tektonischen Charakter der Elemente stellen wahrscheinlich die rheinischen Klüfte vorwiegend geöffnete und die herzynischen Klüfte vorwiegend geschlossene Klüfte dar.

Auslaugungsverhältnisse

Nach den Erfahrungen aus den Erdgasbohrungen in NW-Thüringen weisen die Gase des Hauptdolomits in nichtausgelaugten Gebieten einen Druck bis zu 100 atü auf. Weiterhin treten im Hauptdolomit versalzene Wässer in Form von Randwässern auf. Weder die Gase noch die Randwässer sind bei ökonomisch vertretbarem Aufwand von Endlaugen zu verdrängen.

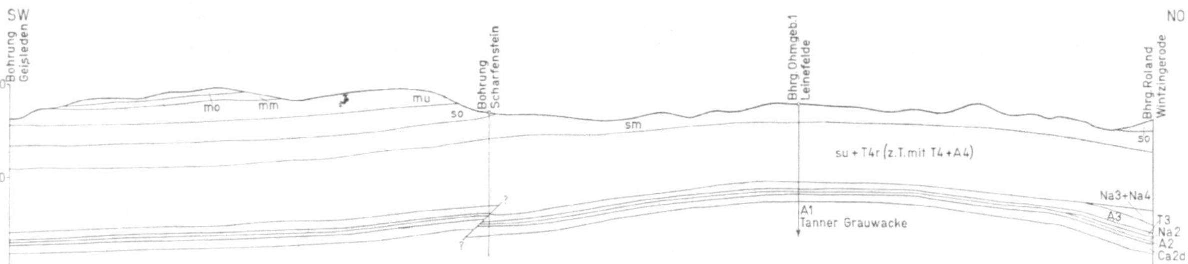

Abb. 3. Geologischer Schnitt durch den Leinefelder Sattel

mo — Oberer Muschelkalk, mm — Mittlerer Muschelkalk, mu — Unterer Muschelkalk, so — Oberer Buntsandstein, sm — Mittlerer Buntsandstein, su — Unterer Buntsandstein, T4r — Oberste Zechsteinletten, A4 — Pegmatitanhydrit, T4 — Roter Salzton, Na3 + Na4 — Leinesteinsalz und Allersteinsalz mit T4 + A4, A3 — Hauptanhydrit, T3 — Grauer Salzton, Na2 — Staßfurtsteinsalz (mit Kalilager), A2 — Basalanhydrit, Ca2d — Hauptdolomit, A1 — Werraanhydrit

Für eine Endlaugenversenkung kommen nur Auslaugungsgebiete in Frage, in denen Gase und Salzwasser von Tagewässern bereits verdrängt wurden. Es ist deshalb notwendig, auf die Auslaugungsverhältnisse in der Thüringer Mulde einzugehen.

Von R. FULDA (1923, 1938), C. DIETZ (1923), K. v. BÜLOW & W. SCHRIEL (1926), W. HOPPE (1938), R. LANGBEIN & G. SEIDEL (1960) und G. SEIDEL (1961), die im Thüringer Becken die Auslaugungsverhältnisse untersuchten, wurde bereits der Zusammenhang zwischen der tektonischen Heraushebung sowie Zerrüttung der Schichten und der Auslaugung festgestellt. Die wichtigsten Auslaugungserscheinungen sind an die Sulfate und Halite des Zechsteins und der Trias gebunden.

Für die Laugenversenkung kommen nur solche Gebiete in Frage, in denen das Staßfurtsteinsalz bereits völlig ausgelaugt ist. Nur dann kann eine Verdrängung der Gase und Randwässer des Hauptdolomits erwartet werden. Gleichzeitig ist mit einer gewissen atektonischen Klüftung des Hauptdolomits zu rechnen, die ein erhöhtes Speichervolumen bedingt. Durch die Auslaugung des im Werragebiet bis 300 m mächtigen Werrasteinsalzes entstanden im Plattendolomit eine sehr starke atektonische Klüftung und ein großes Laugenspeichervermögen. Im Gebiet von NW-Thüringen ist kein oder nur geringmächtiges Werrasteinsalz ausgebildet, so daß auch nur eine geringe atektonische Klüftung anzunehmen ist. Aus Abb. 2 kann man die betreffenden Auslaugungsgebiete ersehen. Der nördliche im Bereich des Leinefelder und Duderstädter Sattels befindliche Teil des Auslaugungsgebiets ist auf Grund der Höhenlage des Hauptdolomits günstiger als der südliche Teil.

Möglichkeiten der Kaliabwässerversenkung

Als Speicher für eine Kaliendlaugenversenkung kommt im Südharzgebiet der Hauptdolomit in Frage. Er kann nur in den Gebieten wirtschaftlich aufnahmefähig für Laugen sein, in denen das Gas und das Randwasser durch Tagewässer verdrängt wurden. Ein derartiges Auslaugungsgebiet liegt im Leinefelder sowie im angrenzenden Duderstädter Sattel vor.

Der Hauptdolomit ist durch die rheinische und herzynische Tektonik sowie durch die Auslaugung im Zechstein 1 atektonisch geklüftet.

Eine schützende Decke gegen das unkontrollierte Aufsteigen von versenkten Laugen bildet der Untere Buntsandstein. Die geringe Klüftung desselben dürfte andererseits die Verdrängung der z. Z. im Hauptdolomit befindlichen Tageswässer nach oben ermöglichen, wie es W. HOPPE (1962) für die Plattendolomitwässer im Werragebiet nachgewiesen hat.

Auf Grund der weiten Entfernung ist keine Beeinflussung der Laugenaustritte in den Grubenbauen zu erwarten. Der geringe Einpreßdruck in Versenkbrunnen ist nicht in der Lage, die salzigen Randwässer sowie eventuelle Gase des Hauptdolomits in nichtausgelaugten Gebieten zu verdrängen.

Im Gebiet zwischen Heiligenstadt und Martinfeld befindet sich wahrscheinlich noch ein Auslaugungsgebiet. Da jedoch der Hauptdolomit auf Grund der teilweisen Muschelkalkauflage hier in größeren Teufen liegt, ist zunächst nicht mit einer guten Aufnahmefähigkeit zu rechnen.

Zusammenfassung

In der vorliegenden Arbeit wurde die Möglichkeit einer Endlaugenversenkung im Hauptdolomit des Auslaugungsgebiets im Leinefelder sowie südlichen Duderstädter Sattel erörtert. Der Hauptdolomit dürfte auf Grund seiner Mächtigkeit, faziellen Ausbildung und Klüftigkeit als Speichergestein geeignet sein. Durch die umfangreichen Auslaugungen des Zechsteinsalinars sind die ehemals im Hauptdolomit befindlichen Gase und Randwässer weitgehend durch Oberflächenwässer ersetzt worden. Die schwereren Endlaugen der Kalifabrikation könnten so die im Hauptdolomit z. Z. befindlichen Tageswässer verdrängen und gespeichert werden. Der tonig ausgebildete Untere Buntsandstein dürfte eine genügend schützende Decke bilden, so daß keine unkontrollierten Laugenaustritte an der Oberfläche zu erwarten sind.

Резюме

В данной статье рассматривается возможность погружения конечных (отработанных) рассолов в главный доломит области выщелачивания Лейнефельдского и южного Дудерштедтского седел. Можно предполагать, что главный доломит вследствие своей мощности, трещиноватости и своего фациального развития годится в качестве коллекторной породы. Обширным выщелачиванием соленосных отложений цехштейна газы и краевые воды, находившиеся раньше в главном доломите, большей частью заменялись инфильтрационными водами. Более тяжелые конечные рассолы калийного производства могли бы таким образом вытеснить находящиеся сейчас в главном доломите инфильтрационные воды и там же накапливаться. Нижний пестрый песчаник, представленный глинистыми породами, образует наверно удовлетворительный защищающий экран, так что неконтролированных выходов рассолов на поверхность не ожидается.

Summary

The present paper deals with the possibility of sinking final liquor in the main dolomite of the leaching area in the saddle of Leinefelde and southern saddle of Duderstadt. Owing to its thickness, facies characteristics and jointing the main dolomite may be suited as a reservoir rock. Gases and edge waters formerly present in the main dolomite have been extensively replaced by surface waters as a result of comprehensive leaching of saliniferous beds of the Zechstein. Thus the heavier final liquors of the potash production could displace surface waters presently contained in the main dolomite, and could be accumulated. The clayey Lower Red Triassic Sandstone will form a sufficiently protecting cover, so that uncontrollable liquor exits to the surface cannot be expected.

Literatur

BEYSCHLAG, F., & E. FULDA: Zur Frage einer Versenkung von Endlaugen der Kalifabriken in tiefliegende durchlässige Gebirgsschichten. — Z. Kali, 13, 363—367, Halle 1921.

BÜLOW, K. v., & W. SCHRIEL: Geologische Spezialkarte und Erläuterung des Blattes Frankenhausen. — Berlin 1926.

DEUBEL, F.: Geologisches Gutachten über die Möglichkeit der Versenkung überschüssiger Salzlaugen des Kaliwerkes Bleicherode. — Akten VEB Geol. Erkundung West, BA Jena (unveröff.), Jena 1946.

— Zur Frage der unterirdischen Abwässerversenkung in der Kaliindustrie. — Abh. dtsch. Akad. Wiss. Berlin, math.-nat. Kl., Jg. 1954, H. 3, Berlin 1954.

— Betrachtungen über das Auftreten von Erdöl und Erdgas im Zechstein des Thüringer Beckens. — Geologie, 3, 6/7, 804, Berlin 1954.

Zeitschrift für angewandte Geologie, Bd. 10 (1964), H. 6

Dietz, C.: Tektonik und Salz des Unteren Eichsfeldes. – Abh. preuß. geol. Landesanst., N. F., H. 95, Berlin 1923.
– Die Abwasserversenkung in tiefere Erdschichten. – Abh. Preuß. geol. Landesanst. Berlin 1930.
Fulda, E.: Die Endlaugenversenkung auf dem Kaliwerk Beinrode. – Z. Kali, 17, S. 146–150, Halle 1923.
– Salzspiegel und Salzhang. – Z. dtsch. geol. Ges., 75, S. 10–14, Berlin 1923.
Gaertner, H.: Der untere Teil der Staßfurtserie im Gebiet des Thüringer Beckens auf Grund neuerer Bohrungen. – Unveröff. Diplomarbeit, Jena 1954.
Hoppe, W.: Geologische Untersuchungen für das Kaliwerk Bismarckshall bei Bischofferode. – Gutachten 1938, Werksakten Kaliwerk „Thomas Müntzer".
– Grundlagen, Auswirkungen und Aussichten der Kaliabwässerversenkung im Werra-Kaligebiet. – Geologie, 11, S. 1059–1086, Berlin 1962.
Langbein, R., & G. Seidel: Zur Geologie im Gebiet des Holunger Grabens (Ohmgebirgsgrabenzone). – Geologie, 9, S. 36–57, Berlin 1960.
Plotnikow, N. A., & D. Dreyer: Berechnung von Erdöl- und Erdgaslagerstätten in karbonatischen klüftigen Speichergesteinen. – Z. angew. Geol., 8, 570–575, Berlin 1962.
Seidel, G.: Zur Stratigraphie des Zechsteins und Buntsandsteins im Südharzkalirevier. – Geologie, 10, S. 952–972, Berlin 1961.
Seifert, F.: Die Abwässerfrage in der Kali-Industrie. Vortrag, Essen 1051.
Stolle, E.: Zum Problem der Laugenversenkung in der Kali-Industrie. – Neue Hütte, 3, 72–79, 1958.
Thomas, G.: Die Versenkung von Endlaugen im Bereich des Südharz-Kalibergbaues. – Bergbautechnik, 5, H. 5 (1955).

Die Erfassung von Grundwasserfließvorgängen mittels Farbstoffen in Verbindung mit Pumpversuchen[1)]

Wolfgang Beyer, Dresden

(Mitteilung aus dem Institut für Boden- und Wasserwirtschaft der Technischen Universität Dresden)

Die Lösung hydrogeologischer Fragen erfordert in zunehmendem Maße eine möglichst vollständige Erfassung des gesamten Grundwasserfließvorgangs, um eine optimale Nutzung des Grundwassers im Rahmen der Grundwasserbewirtschaftung zu erreichen. Bei einer Grundwassernutzung sind dabei die Elemente „Wassermenge" und „Wassergüte" von ausschlaggebender Bedeutung. Diese beiden Faktoren sind gemeinsam zu betrachten, erfordern jedoch unterschiedliche Methoden einer rechnerisch-voraussagenden Einschätzung. Der Grundwasserfließvorgang muß aufgegliedert werden, wobei die entsprechende Grundwasserfließgeschwindigkeit Ausgangspunkt sein muß.

Als wichtigste Geschwindigkeitsarten des Grundwassers sind die Filtergeschwindigkeit v_f und die Abstandsgeschwindigkeit v_a anzusehen. Die Ermittlung der Abstandsgeschwindigkeit v_a und die Kenntnis der anteilmäßigen Geschwindigkeitsverteilung sind bei der Festlegung von Grundwasserschutzgebieten, der Ermittlung von Filtrationszeiten bei der Gewinnung uferfiltrierten Flußwassers und für Untersuchungen von Strömungsvorgängen in unmittelbarer Nähe von Wasserfassungen von besonderer Bedeutung. Dies trifft in gleichem Maße bei der Einschätzung einer Grundwasserverschmutzungsgefahr in der Nähe von Industrieanlagen durch Öle, Detergentien und andere chemische Stoffe zu. In diesen Fällen muß eine Voraussage bzw. Ermittlung der maßgebenden Fließgeschwindigkeit und Filtrationszeit hinsichtlich Minimal- und Maximalwert erfolgen, eine Forderung, die allgemein bisher noch nicht genügend beachtet wurde.

Arten der Grundwasserfließgeschwindigkeiten

Die beiden Bestimmungsgrößen der Geschwindigkeit s (Weg) und t (Zeit) sind bei der Grundwasserbewegung je nach dem Ziel der praktischen Erfassung des Grundwasserfließvorganges unterschiedlich festgelegt. Im allgemeinen werden drei Arten der Grundwasserfließgeschwindigkeit unterschieden:

1. die Bahngeschwindigkeit v_b
2. die Abstandsgeschwindigkeit v_a
3. die Filtergeschwindigkeit v_f

Die Tabelle 1 und die Abb. 1 bis 3 erläutern diese drei Arten der Grundwasserfließgeschwindigkeiten. Für praktische Belange scheint jedoch

4. die Porengeschwindigkeit v_p

als Rechnungsgröße und Ausdruck einer weiteren Grundwasserfließgeschwindigkeit wichtig zu sein und ist deshalb ebenfalls in Tabelle 1 aufgeführt.

Die einzelnen Begriffe können wie folgt erläutert werden:

Wahre Weglänge: Die Länge des Weges, der von einem Wasserteilchen tatsächlich zurückgelegt wird. Die Ermittlung der wahren Weglänge ist praktisch nicht möglich, da die Strömungsverhältnisse in den Bodenporen sehr kompli-

Tab. 1. Arten der Grundwasserfließgeschwindigkeiten

Begriff	Ermittlung der Bestimmungsgröße	Bedeutung
v_b Bahngeschwindigkeit m/s wahre Geschwindigkeit eines Wasserteilchens (wahre Weglänge: Fließzeit)	wahre Weglänge = ? m Fließzeit = Tracerversuch s	phys.-chem.-biol. Prozesse, Dynamik des Grundwassers
v_a Abstandsgeschwindigkeit m/s wahre Geschwindigkeit eines Wasserteilchens in der Hauptfließrichtung (Abstand ab: Fließzeit)	Abstand = Messung m Fließzeit = Tracerversuch s	Verweildauer
v_f Durchgangsgeschwindigkeit m/s = Filtergeschwindigkeit Rechenwert (Durchfluß: Fläche)	Durchfluß = Messung m³/s Fläche = Messung m²	Mengenermittlung
v_p Porengeschwindigkeit m/s Rechenwert (Durchfluß: Porenfläche)	Durchfluß = Messung m³/s Porenfläche = Messung m²	Verweildauer (überschlägig)

1) Eingang des Manuskripts in der Redaktion: 24. 10. 1963

ziert sind und jedes Wasserteilchen eine andere unbekannte Strömungsbahn nimmt.

Fließzeit: Die erforderliche Zeit, die von einem Wasserteilchen zum Durchfließen einer Bodenstrecke $\overline{ab}$ (von Punkt a nach Punkt b) benötigt wird, kann im Versuch bestimmt werden. Dazu ist erforderlich, das Wasserteilchen zu „kennzeichnen", indem man es zum Träger einer Substanz macht, die nach der Durchströmung des Bodenkörpers wieder qualitativ nachgewiesen werden kann.

Abstand $\overline{ab}$, d. h. durch Messung zu bestimmende Entfernung zwischen zwei Punkten a und b.

Durchfluß, d. h. Durchflußmenge in der Zeiteinheit, eine mit ausreichender Genauigkeit leicht zu bestimmende Meßgröße.

Fläche, d. h. die geometrische Größe des betrachteten Durchflußprofiles, eine ebenfalls leicht zu ermittelnde Größe.

Porenfläche, d. h. die Summe der im Mittel eines Querschnittes vorhandenen Porenflächen. Diese Größe kann mit genügender Genauigkeit gleich dem Porenanteil und der Gesamtdurchflußfläche des betrachteten Profils ermittelt werden: Porenfläche F_p = Porenanteil n · Gesamtfläche F.

Die praktische Bedeutung der verschiedenen Arten der Grundwassergeschwindigkeiten ergibt sich aus den verschiedenen Problemstellungen der Praxis.

Die Bahngeschwindigkeit v_b(m/s) ist keine eindeutig festzulegende Größe, da ein jedes Wasserteilchen bei der unterschiedlichen Gestaltung der Porenräume eine stets unterschiedliche Geschwindigkeit besitzt. Die Bahngeschwindigkeit, d. h. die tatsächlich auftretenden Geschwindigkeiten, wären interessant und von Bedeutung bei der Klärung von Fragen der Filterwirkung, der Bedingungen des bakteriellen Lebens in Bodenfiltern und der mechanischen Wirkung des strömenden Wassers in bezug auf die Bildung einer Filterhaut bzw. einer Verschlammungsschicht, die Gasausscheidung, die Turbulenzerscheinungen usw. Auch die Ermittlung der mittleren Bahngeschwindigkeit ist nicht möglich, da die wahre Weglänge nicht bestimmt werden kann, und es ist erforderlich, sich als kennzeichnende Größe des Fließvorgangs anderer Rechnungswerte zu bedienen.

Die Durchgangs- bzw. Filtergeschwindigkeit v_f(m/s) ist die maßgebende Größe bei einer Mengenermittlung und gleichbedeutend der Größe v im DARCYschen Gesetz $v = k \cdot I$. Die auf die Gefällseinheit bezogene Durchflußgeschwindigkeit stellt die Wasserdurchlässigkeit des Bodenmaterials dar.

Die Filtergeschwindigkeit v_f bezieht sich auf die Gesamtdurchflußfläche des Bodenkörpers, so daß der entsprechende Geschwindigkeitsausdruck $v_f = \frac{Q}{F}$ relativ klein wird (Abb. 1).

Die Porengeschwindigkeit v_p(m/s) (Durchfluß: Porenfläche) ist ein Rechnungswert, der zu einer überschlägigen Ermittlung der Abstandsgeschwindigkeit herangezogen werden kann. Dabei wird angenommen, daß von der vorgegebenen Durchflußmenge der gesamte Porenraum bzw. der spannungsfreie Porenraum durchströmt wird. Mit Hilfe der Porengeschwindigkeit bzw. der mittleren Porengeschwindigkeit kann die mittlere Verweildauer des Wassers beim Durchströmen der Wegstrecke bestimmt werden. Der Begriff der Porengeschwindigkeit stellt jedoch nur einen Rechnungswert dar, und die auf diese

Abb. 1. Schematische Darstellung der Filtergeschwindigkeit

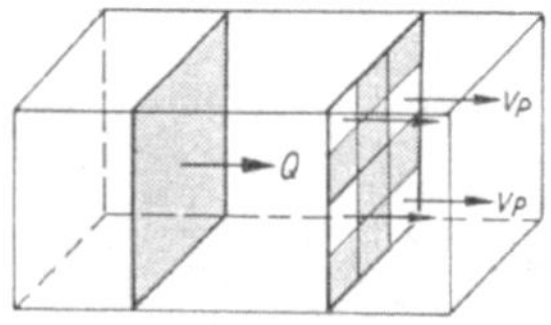

Abb. 2. Schematische Darstellung der mittleren Porengeschwindigkeit

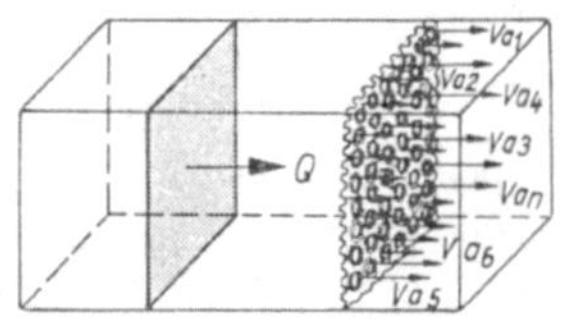

Abb. 3. Schematische Darstellung der Abstandsgeschwindigkeiten

Weise ermittelte Verweildauer (Fließzeit) kann nur als Überschlag für vergleichende Untersuchungen gewertet werden.

Bei der mittleren Porengeschwindigkeit wird der Durchfluß auf die Porenfläche bzw. die Fläche des spannungsfreien Porenraumes bezogen $v_p = \frac{Q}{F_p}$, d. h., die Größe dieser Geschwindigkeit ist gegenüber der Filtergeschwindigkeit entsprechend dem Porengehalt größer (Abb. 2).

Die Abstandsgeschwindigkeit v_a(m/s) kann als Grundlage für die Ermittlung tatsächlich vorhandener Strömungszeiten angesetzt werden. Die tatsächliche Fließzeit oder Verweildauer eines Wasserteilchens zwischen zwei Punkten bzw. Querschnitten besitzt große praktische Bedeutung. Die Kenntnis der Verweildauer bis zur Förderung ist nicht nur bei der Gewinnung uferfiltrierten Wassers von Wichtigkeit, sondern auch bei der Festlegung von Schutzgebieten für Grundwasserfassungen, insbesondere in der Nähe von Siedlungen sowie Industrieanlagen. Die Abstandsgeschwindigkeit wird durch Weg- und Zeitmessung ermittelt. Der Strömungsweg der Wasserteilchen wird als geradlinig betrachtet. Die Durchflußzeit wird z. B. auf Grund von Farbversuchen festgestellt. Die horizontale Komponente des Geschwindigkeitsvektors ist dabei für jedes Wasserteilchen verschieden groß. Da angenommen werden kann, daß bei der Durchströmung des Bodenkörpers nicht sämtliche Teile der Porenräume gleichmäßig durchflossen werden, ist auch die durchströmte Querschnittsfläche kleiner als die Querschnittsfläche des Gesamt- bzw. spannungsfreien Porenraumes. Die Größe dieser Geschwindigkeit wird daher teilweise höher liegen als bei der mittleren Porengeschwindigkeit (Abb. 3).

Die Ermittlung der Abstandsgeschwindigkeit v_a

Die Ermittlung der Filtrationszeit wird bisher allgemein so vorgenommen, daß die Abstandsgeschwindigkeit als mittlere Porengeschwindigkeit aus der Filtergeschwindigkeit durch die Beziehung $v_a = \frac{v_f}{n}$ berechnet wird, wobei n der Porengehalt bedeutet. Praktische Beobachtungen zeigen jedoch, daß die Fließzeit in Wirklichkeit oft wesentlich kürzer ist, als die Rechnung ergibt. Die nachfolgend beschriebenen Versuche wurden an Sanden und Kiesen durchgeführt, d. h. mit Bodenmaterial im Bereich einer wirksamen Korngröße $d_{10\%} = 0{,}1$ mm bis 0,5 mm.

Die Bestimmung der Abstandsgeschwindigkeit durch Laborversuche

Der Weg eines Wasserteilchens durch den Bodenkörper ist im einzelnen nicht erfaßbar, da Gestalt und Größe der Porenkanäle von Querschnitt zu Querschnitt

Zeitschrift für angewandte Geologie, Bd. 10 (1964), H. 6

wechseln und stets Veränderungen in den Strömungsverhältnissen hervorrufen. Bedingt durch ständige Querschnittsänderungen und die vorhandenen allseitigen Verbindungen der Porenräume untereinander sind auch die auftretenden Wassergeschwindigkeiten in Richtung und Größe einem ständigen, vielfältigen Wechsel unterworfen. Während in engen Porenabschnitten große Teilchengeschwindigkeiten auftreten, kann dasselbe Teilchen in einen Winkel eines größeren Porenraumes gelangen und hier einer nur langsamen Strömung unterliegen. So ist auch die Geschwindigkeit der Wasserteilchen in der Hauptfließrichtung des Wassers unterschiedlich und damit auch die Aufenthaltsdauer beim Durchströmen einer bestimmten Filterstrecke. Die Kenntnis tatsächlich vorhandener Aufenthalts- bzw. Fließzeiten einzelner Wasserteilchen ist jedoch äußerst wichtig, um Wassergüteprobleme beantworten zu können.

Neben auftretenden maximalen Fließgeschwindigkeiten einzelner Wasserteilchen ist vor allem von Bedeutung, wie sich der Hauptteil einer anfangs zusammenhängenden „Wasserwelle" bzw. „Wasserlamelle" beim Durchströmen eines Bodenkörpers verhält. Derartige Fälle können in der Praxis bei jeder natürlichen oder künstlichen Filtration auftreten, wenn sich z. B. die Wasserbeschaffenheit plötzlich verändert.

Versuchsdurchführung

Definitionsgemäß versteht man unter Abstandsgeschwindigkeit: $v_a = \frac{s}{t}$ (m/s), wobei s der Abstand zweier Punkte in der Hauptströmungsrichtung des Wassers und t die benötigte Zeit eines Wasserteilchens, um diese Strecke zurückzulegen, bedeuten. Die Bestimmung der Laufzeit t eines bestimmten Wasserteilchens zwischen zwei vorgegebenen Durchflußquerschnitten kann mit Hilfe von Stoffen erfolgen, mit denen die Wasserteilchen beladen und dadurch kenntlich gemacht werden. Dafür kommen insbesondere Salze, Bakterien, radioaktive Isotope und Farbstoffe in Frage. Nach einer Reihe von Vorversuchen wurde Farbversuchen mit Natrium-Fluorescein der Vorzug gegeben.

Die Farbversuche im Labor wurden wie folgt durchgeführt: Der Einbau des Bodenmaterials erfolgte in loser Schüttung unter Wasser im Versuchsgerät. Die Länge der Bodensäule betrug bei diesen Versuchen rd. 100 cm bei einem Durchmesser von 12,1 cm. Nach einer Stunde Durchspülung mit entlüftetem und temperiertem Wasser erfolgte das Einbringen der Farblösung als eine dünne Lamelle in den Porenraum der obersten Bodenschicht. Die Ankunft der Farbe und deren Intensität bzw. deren Konzentration wurde an Wasserproben ermittelt, die kolorimetrisch untersucht wurden. Die Auswertung dieser Meßergebnisse führt zu einer Farbintensitätskurve (Abb. 4) in Abhängigkeit von der Zeit, die als Grundlage für die Bestimmung der einzelnen Fließzeiten und Fließgeschwindigkeiten dient. Je nach Bodenart und Fließbedingungen sind die Kurven der Einzelversuche unterschiedlich, weisen jedoch eine einheitliche Grundcharakteristik auf.

Die Farbintensitätskurve

Zur Zeit t_0 beginnt die Bewegung der gefärbten Wasserteilchen (Wasserlamelle) unter den Fließbedingungen des vorgegebenen und für die Dauer des Versuchs gleichbleibenden Gefälles I. Die ersten Farbspuren zeigen sich zum Zeitpunkt t_1. Die Farbintensität f nimmt nun ständig zu und erreicht bei t_2 das Maximum. Von diesem Zeitpunkt an klingt die Färbung allmählich wieder ab. Bei t_3 ist die Hälfte des Wasserdurchflusses erfolgt; die zugehörige Fließgeschwindigkeit soll als Mittelwert der Abstandsgeschwindigkeiten bezeichnet werden. Ein vollständiges Verschwinden der Farbe ist erst zu der Zeit t_4 eingetreten.

Ermittlung maßgebender Abstandsgeschwindigkeiten

Grundlage für die Bestimmung der auftretenden Abstandsgeschwindigkeiten bildet die Farbintensitätskurve (Abb. 4).

Eine maximale Abstandsgeschwindigkeit besitzen diejenigen Wasserteilchen, die zur Zeit t_1, d. h. mit dem ersten Sichtbarwerden von Farbteilchen, die betrachtete Strecke durchflossen haben:

$$v_{a_1} = v_{a_{max}} = \frac{t_1}{s}$$

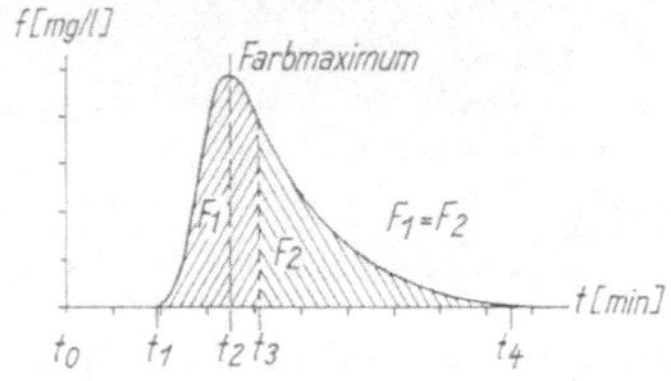

Abb. 4. Farbintensitätskurve

Die der größten Farbintensität zugehörige Abstandsgeschwindigkeit soll als intensive Abstandsgeschwindigkeit bezeichnet werden:

$$v_{a_2} = \frac{s}{t_2}$$

Diejenige Abstandsgeschwindigkeit, die nach 50% Wasserdurchgang (= 50% der Farbstoffsumme) vorhanden ist, soll mittlere Abstandsgeschwindigkeit genannt werden. Dieser Wert stimmt etwa mit der mittleren Porengeschwindigkeit überein:

$$v_{a_3} = \frac{s}{t_3}$$

Diese Formen der Abstandsgeschwindigkeit werden bei Fragen der Beeinflussung der Wassergüte als die wichtigsten erachtet. Dabei sind folgende Verhältniswerte von besonderer Bedeutung:

$$c_1 = \frac{\text{maximale Abstandsgeschwindigkeit}}{\text{mittlere Abstandsgeschwindigkeit}} = \frac{v_{a_1}}{v_{a_3}}$$

$$c_2 = \frac{\text{intensive Abstandsgeschwindigkeit}}{\text{mittlere Abstandsgeschwindigkeit}} = \frac{v_{a_2}}{v_{a_3}}$$

Diese Verhältniswerte geben Aufschluß, wie viel größer diese ausgezeichneten Abstandsgeschwindigkeiten gegenüber der Rechnungsgröße „mittlere Porengeschwindigkeit v_p" sind, da die mittlere Abstandsgeschwindigkeit v_{a_3} der mittleren Porengeschwindigkeit $v_p = \frac{v_f}{n}$ gleichgesetzt werden kann.

Labor-Farbversuch
(siehe auch Abb. 5 und Tabelle 2)

Bodenmaterial:
Bodenart: stark sandiger Kies
$d_{10\%} = 0{,}42$ mm, $d_{60\%} = 2{,}8$ mm

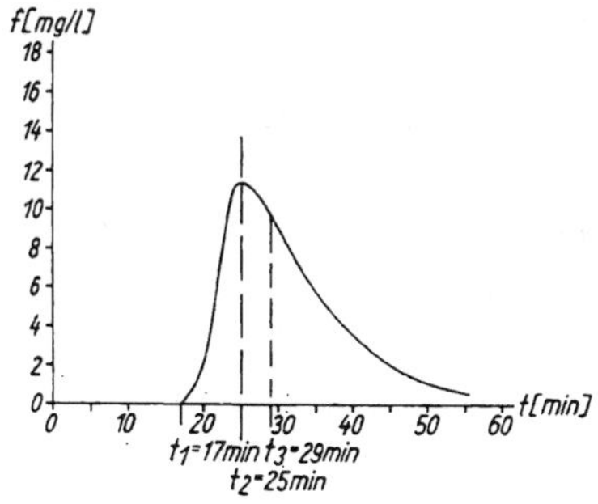

Abb. 5. Laborversuch, Farbintensitätskurve

Tabelle 2 zu Abb. 5

Fließzeit min	Farbintensität mg/l
17	0,2
18	0,6
19	1,1
20	2,1
21	3,8
22	5,5
23	8,0
24	10,8
25	11,4
27	11,0
30	8,8
35	5,6
40	3,4
45	1,8
50	0,8

Probenmenge: G_{tr} = 20440 g
Durchflußlänge: L = 102 cm
Durchflußquerschnitt: F = 115 cm²
Trockenraumgewicht: r_{tr} = 1,75 g/cm³
Porengehalt: n = 34,2%
Wasserdurchlässigkeit: $k_{f10°} = 1{,}2 \cdot 10^{-3}$ m/s

Versuchsbedingungen:

Loses, lockeres Einfüllen des lufttrockenen Probenmaterials unter Wasser
Durchfluß: q = 2,3 cm³/s
Gefälle: I = 0,137
Wassertemperatur: T = 19,8 °C
Farbstoffart: 0,1%ige Natrium-Fluorescein-Lösung
Farbstoffmenge: 25 cm³

Versuchsergebnisse:

Filtergeschwindigkeit: $v_f = \frac{q}{F} = \frac{2{,}3}{115} = 0{,}020$ cm/s

Porengeschwindigkeit: $v_p = \frac{v_f}{n} = \frac{0{,}020}{0{,}342} = 0{,}058$ cm/s

Fließzeiten: $t_1 = 17$ min, $t_2 = 25$ min, $t_3 = 29$ min

Abstandsgeschwindigkeiten:

$$v_{a1} = \frac{102}{17 \cdot 60} \quad v_{a2} = \frac{102}{25 \cdot 60} \quad v_{a3} = \frac{102}{29 \cdot 60}$$
$$= 0{,}100 \text{ cm/s}, \quad = 0{,}068 \text{ cm/s}, \quad = 0{,}057 \text{ cm/s}$$

Verhältniswerte $c_n = \frac{v_{an}}{v_p}$:

$$c_1 = \frac{0{,}100}{0{,}058} \quad c_2 = \frac{0{,}068}{0{,}058} \quad c_3 = \frac{0{,}057}{0{,}058}$$
$$c_1 = 1{,}72 \quad c_2 = 1{,}17 \quad c_3 \approx 1{,}0$$

Ermittlung der anteiligen Geschwindigkeitsverteilung

Auch die anteilmäßige Geschwindigkeitsverteilung kann aus der Intensitätskurve abgeleitet werden. Durch die Möglichkeit, die prozentuale Geschwindigkeitsverteilung zu erfassen, ist eine weitere wesentliche Erkenntnis über den Strömungsvorgang im Bodenkörper gewinnbar.

Bei gleichbleibendem Durchfluß q (cm³/s) entspricht jedem Zeitintervall Δt (s) eine Durchflußmenge von ΔQ (cm³):

$$\Delta Q = q \Delta t$$

Die Wassermenge ΔQ enthält jeweils eine bestimmte Menge Farbstoff ΔF (mg), entsprechend der jeweiligen Farbstoffkonzentration f (mg/l):

$$\Delta F = f \Delta Q$$

Der Farbstoffdurchfluß in einem bestimmten Zeitabschnitt ist ein Maß für die Geschwindigkeitsaufteilung.

Die gesamte Farbstoffmenge kommt im Zeitintervall t_1 bis t_4 zum Durchfluß, wenn von Verlusten abgesehen werden darf:

$$F = \sum_{t_1}^{t_4} \Delta F \Delta t = q \int_{t_1}^{t_4} f(t)\, dt$$

Die zwischen der Farbintensitätskurve und der Abszisse liegende Fläche entspricht also der Gesamtfarbstoffmenge.

Nach Auftragen der Farbstoffsummenlinien (Abb. 6) können prozentuale Anteile für einzelne Bereiche der Durchflußzeit bzw. Abstandsgeschwindigkeit ermittelt werden. So ist z. B. aus Abb. 7 abzulesen, daß etwa 30% Durchflußanteile eine kürzere Durchflußzeit als t_2 Sekunden besitzen.

Versuchsergebnisse

Nach den Ergebnissen der Laborversuche wird durch den Strömungsvorgang das im Bodenkörper anfänglich einheitlich und zusammenhängend befindliche Wasser auseinandergezogen und in Anteile mit unterschiedlicher Abstandsgeschwindigkeit aufgeteilt. Die Erfassung der Geschwindigkeitsverteilung konnte durch die Farbversuche ermittelt werden. Dabei zeigten die Versuchsergebnisse im Mittel folgende Werte als Verhältnisse zwischen ausgezeichneten Abstandsgeschwindigkeiten und der mittleren Porengeschwindigkeit:

$$c_1 = \frac{\text{maximale Abstandsgeschwindigkeit}}{\text{mittlere Porengeschwindigkeit}} = 1{,}8$$

d. h., die maximale Abstandsgeschwindigkeit beträgt nahezu das Zweifache des Rechnungswertes $\frac{v_f}{n}$

$$c_2 = \frac{\text{intensive Abstandsgeschwindigkeit}}{\text{mittlere Porengeschwindigkeit}} = 1{,}2$$

d. h., die intensive Abstandsgeschwindigkeit, auftretend z. Z. größter Durchflußanteile, ist 1,2fach größer als der Rechnungswert $\frac{v_f}{n}$.

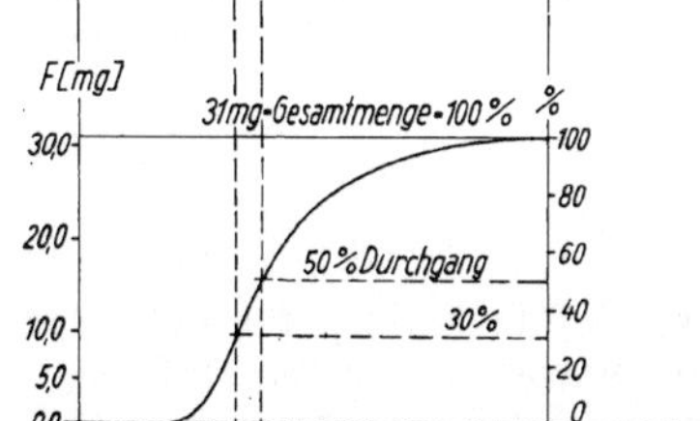

Abb. 6. Farbintensitätskurve

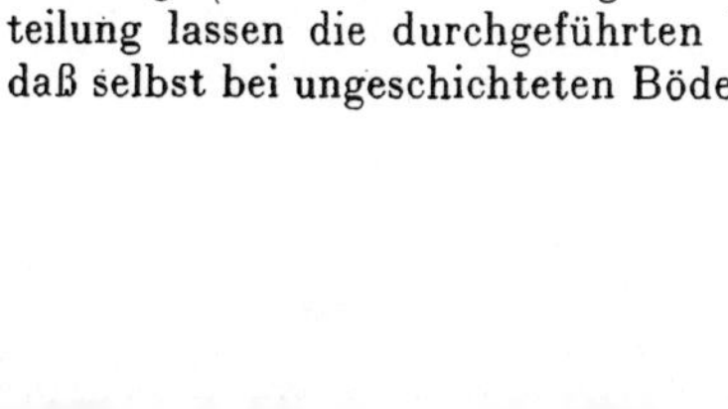

Abb. 7. Farbstoffsummenlinie

Bezüglich der anteilmäßigen Geschwindigkeitsverteilung lassen die durchgeführten Versuche erkennen, daß selbst bei ungeschichteten Böden etwa 20% Durch-

Zeitschrift für angewandte Geologie, Bd. 10 (1964), H. 6

flußanteile eine etwa 1,5fache Geschwindigkeit aufweisen, als dem rechnerischen Wert der mittleren Porengeschwindigkeit entspricht.

Feldversuche zur Bestimmung der Abstandsgeschwindigkeit

Die Kenntnis der Abstandsgeschwindigkeit in einem Grundwasserleiter besitzt insbesondere für Wassergütefragen eine außerordentliche Bedeutung. Ein Teil des Wassers durchfließt mit wesentlich größerer Geschwindigkeit den Bodenkörper, als eine Rechnung über die Filtergeschwindigkeit v_f und den Porengehalt n in der Form $\frac{v_f}{n}$ ergibt; die Größe der Abweichung steht dabei in Abhängigkeit vom materialmäßigen Aufbau des Grundwasserleiters. Eine Erfassung des Fließvorganges kann in Verbindung mit einem Pumpversuch durchgeführt werden, wie nachfolgend gezeigt wird.

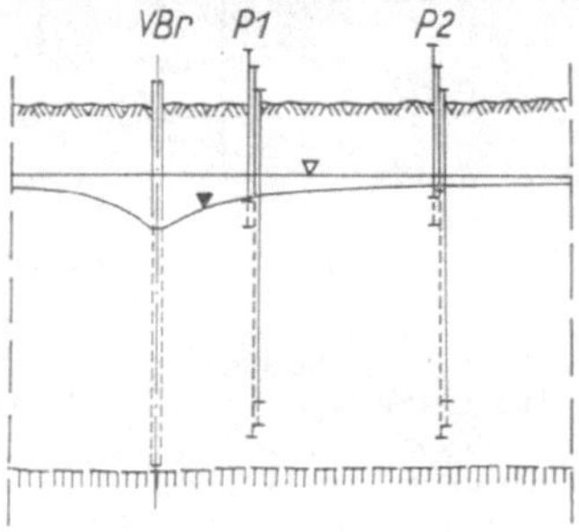

Abb. 8. Einbau des Brunnenfilters und der Pegelfilter

Versuchsdurchführung

Die Anordnung des Versuchsbrunnens und der Pegelgruppe wird, wie bei jedem Pumpversuch, durch die Mächtigkeit des Grundwasserleiters, die Wasserdurchlässigkeit des Bodenmaterials und die zu erwartende Förderleistung bzw. Absenkung bedingt. Die Entfernung der Pegel vom Pumpbrunnen beträgt im allgemeinen für den ersten Pegel 5—8 m und für den zweiten Pegel 15—25 m. Bei Ausbau des Versuchsbrunnens sollte angestrebt werden, den Filter über die gesamte Höhe der wasserführenden Schicht anzuordnen. Die Tiefenlage der Pegelfilter ist je nach Untersuchungsziel verschieden. Es hat sich als vorteilhaft erwiesen, in einer Bohrung mehrere Pegel anzuordnen, deren Filter in unterschiedlicher Tiefe liegen. Die Länge der Filterspitzen soll etwa 1,0 m betragen bzw. sich über den gesamten Grundwasserbereich erstrecken (Abb. 8).

Die Tiefenlage der Pegelfilter richtet sich im einzelnen auch nach dem Bodenaufbau des Grundwasserleiters, dabei ist jedoch zu beachten, daß entsprechende Filter des Pegels 1 und des Pegels 2 in gleicher Tiefe angeordnet werden. In dieser Weise ist es möglich, die Abstandsgeschwindigkeit einzelner Schichten bzw. deren Extremwerte zu ermitteln.

Bei der Durchführung des Pumpversuches ist wie üblich zu verfahren. Der Farbversuch wird nach Erreichen des Beharrungszustandes begonnen.

Als Farbstoff hat sich auch hier die Verwendung von Natrium-Fluorescein als vorteilhaft erwiesen, das gegenüber anderen Farbstoffen folgende Vorzüge aufweist:

1. es ist eine große Verdünnung möglich (sichtbar bis zu einem Verdünnungsverhältnis 1:100000000);
2. es tritt keine merkbare Adsorption bei Kiesen und Sanden auf;
3. es zeigt eine verhältnismäßig gute Lichtbeständigkeit;
4. es besitzt gute Löslichkeit im Wasser;
5. es ist nicht gesundheitsschädlich;
6. es ist verhältnismäßig billig.

Diese Eigenschaften geben der Verwendung von Fluorescein auch im Feldversuch gegenüber anderen Farbstoffen, Salzen und für den beschriebenen Zweck auch gegenüber radioaktiven Isotopen den Vorzug.

Während des Farbversuches ist streng darauf zu achten, daß der Pumpversuch ohne Störung und ohne Veränderung der Fördermenge sowie der Absenkungsverhältnisse weiterläuft.

Nach Sichtbarwerden der ersten Farbe in dem geförderten Wasser sind laufend Wasserproben zu entnehmen. Die Zeitabstände der Probenentnahme richten sich nach dem Auswertungsverfahren. Zur Bestimmung einer vollständigen Farbintensitätskurve sind für jeden Farbdurchgang mindestens 15 Proben erforderlich. Die Zeitabstände richten sich somit nach der Zeit Δt, d. h. der Dauer der Färbung. Im allgemeinen genügt die Erfassung des Farbmaximums, und es ist nicht erforderlich, den Farbdurchgang vollständig abzuwarten. Im Labor werden die Proben durch Zugabe von 2-n-Natronlauge einheitlich auf einen pH-Wert = 10 gebracht. Die Alkalisierung wird durchgeführt, um die Ausflockung von Eisen u. a. zu beschleunigen und die Farbintensität des Fluoresceins noch zu erhöhen. Die Proben werden mit der Hand gut durchgeschüttelt und bleiben danach bis zum nächsten Tag stehen, um dann gefiltert zu werden. Die so behandelten Proben sind dann klar und, bei richtig vorgenommener Dosierung des Farbstoffes bei der Eingabe, so farbintensiv, daß das Farbmaximum bei einiger Übung allein durch visuelle Vergleiche bestimmt werden kann.

Zur zahlenmäßigen Festlegung der Farbintensitätskurve werden die Proben mittels photoelektrischen Kolorimeters untersucht. Für die Versuche im Rahmen dieser Arbeiten stand dafür ein Lange-Kolorimeter mit einem Multiflex-Galvanometer als Meßverstärker zur Verfügung. Es ist dabei möglich, die Grünfärbung oder unter Verwendung einer HQ-Lampe, d. h. mit Hilfe von UV-Licht, die Fluoreszenz zu messen. Im allgemeinen wurde nur die Intensität der Grünfärbung festgestellt.

Die erforderliche Farbstoffmenge kann überschlägig ermittelt werden. Allerdings ist für die richtige Dosierung eine gewisse Erfahrung notwendig, weil auch die Einflüsse der Bodenart und des Profilausbaues richtig eingeschätzt werden müssen.

Je nach den örtlichen Gegebenheiten ergibt sich auch hier eine bestimmte Kurve der Farbintensität in Abhängigkeit von der Zeit: Die Farbwolke wird auf dem Strömungsweg — bedingt durch Turbulenzerscheinungen in den Porenräumen und unterschiedliche Strömungsgeschwindigkeiten einzelner Stromfäden — je nach Entfernung der Eingabestelle vom Pumpbrunnen zeitlich gestreckt. Dies führt zu einer Veränderung der Farbintensität in Abhängigkeit von der Fließzeit.

Versuchsauswertung

Die Auswertung der so gewonnenen Meßergebnisse erfolgt zunächst durch Auftragen der Meßwerte in

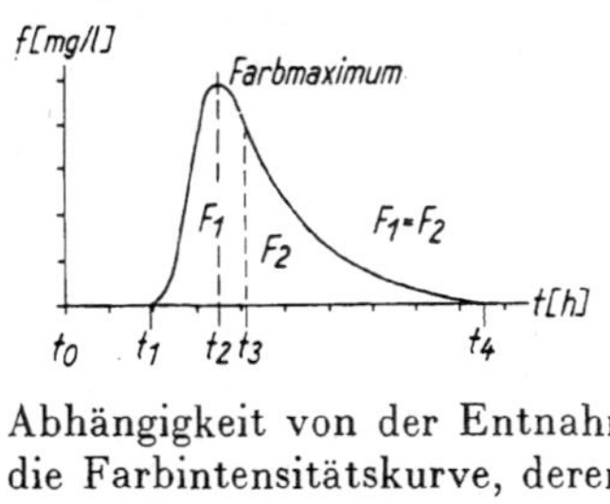

Abb. 9. Farbintensitätskurve

Abhängigkeit von der Entnahmezeit. Das Ergebnis ist die Farbintensitätskurve, deren charakteristischer Verlauf aus Abb. 9 ersichtlich ist. Diese Kurve kann nun

Zeitschrift für angewandte Geologie, Bd. 10 (1964), Heft 6

weiterhin, je nach Aufgabenstellung und Untersuchungsziel, in verschiedener Hinsicht ausgewertet werden: Ankunft der ersten Farbe, Zeitpunkt des Farbmaximums, Verlauf des Anstieges und Abklingens der Farbintensität, Schwerpunkt der durch die Farbkurve eingeschlossenen Fläche und den zugehörigen Zeitpunkt usw.

Für die Bestimmung der maßgebenden Fließdauer, der mittleren maßgebenden Fließgeschwindigkeit des dem Brunnen zuströmenden Wassers und des entsprechenden k_f-Wertes der untersuchten Schicht wurde vom Farbmaximum ausgegangen und ein besonderes graphisches Auswertungsverfahren entwickelt.

Die Zeitdauer zwischen der Farbeingabe bis zum Sichtbarwerden der Farbe im Pumpbrunnen richtet sich im wesentlichen nach der Entfernung der Eingabestelle vom Pumpbrunnen, der Förderleistung des Brunnens, d. h. der Entnahmemenge und dem materialmäßigen Aufbau des Bodenprofiles.

Die Strömungsverhältnisse ändern sich im Bereich des engeren Absenkungstrichters in Abhängigkeit der Entfernung vom Brunnen. Dies trifft im besonderen für das Grundwasserfließgefälle und für die Grundwasserfließgeschwindigkeiten zu. Da in unmittelbarer Nähe des Brunnens, hervorgerufen durch die Störung des natürlichen Bodenmaterials durch den Bohrvorgang, die Filterschüttung und die stets vorhandene mehr oder weniger große Sickerstrecke bei Eintritt des Grundwassers in den Brunnen unübersichtliche Strömungsverhältnisse auftreten, wird bei der Auswertung des Farbversuches der Bereich zwischen den zwei Farbeingabepegeln betrachtet. In diesem Abschnitt ändern sich die Fließgeschwindigkeit und das Fließgefälle stetig in Abhängigkeit von der Entfernung vom Pumpbrunnen. Die Fließgeschwindigkeit und das Fließgefälle sind somit bei einem stationären Zustand der Strömung zum Pumpbrunnen eine Funktion des Ortes, d. h. der Entfernung vom Pumpbrunnen. Eine lineare Mittelwertsbildung, z. B. zwischen $x_1 = 5{,}0$ m und $x_2 = 20{,}0$ m, ist daher für die Größen „Fließgeschwindigkeit" und „Fließgefälle" nicht zulässig.

Die angewandte Methode ist eine graphische Differenzierung der Funktionen

Absenkung = f (Entfernung vom Brunnen)
Fließdauer = f (Entfernung vom Brunnen)

Die Differenzierung führt zu folgenden Ableitungen:

Gefälle = f (Entfernung vom Brunnen)
Fließgeschwindigkeit = f (Entfernung vom Brunnen)

Die Durchführung erfolgt durch Anlegen verschiedener Tangenten an die Ausgangsfunktion und Bestimmung der Tangentensteigung als Differentialquotient der Funktion in dem betreffenden Punkt, wie aus Abb. 10 hervorgeht.

Die so durch den Farbversuch erhaltene Fließgeschwindigkeit stellt die Abstandsgeschwindigkeit v_{a_2} dar, wobei zwischen der Abstandsgeschwindigkeit v_{a_2} und der Filtergeschwindigkeit v_f annähernd die Beziehung $v_f = \frac{1}{c_2} \cdot n \cdot v_{a_2}$ besteht. Der Faktor c_2 beträgt für die Abstandsgeschwindigkeit zur Zeit der größten Farbintensität $c_2 = 1{,}2$, wie die Labor- und auch die Feldversuche ergaben.

Um bei Auswertung der Pump- und Farbversuche einen Vergleich der Ergebnisse über die Wasserdurch-

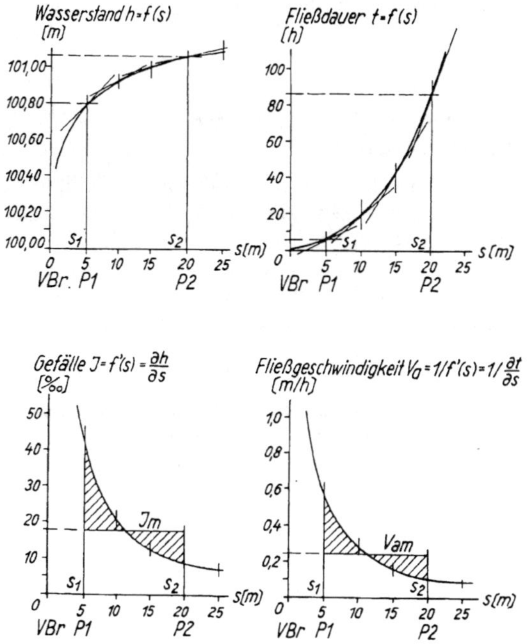

Abb. 10. Graphisches Verfahren zur Auswertung des Farbversuches

Beispiel: Entfernung P_1: 5,0 m; P_2: 20,0 m;
Wasserstand: 100,80 m ü. NN; 101,05 m ü. NN
Fließzeiten: 6,0 h; 86,0 h
Ergebnis: $I_m = 18\%$, $V_{a2m} = 0{,}22$ m/h; $n = 0{,}33$; $c = 1{,}2$;

$$kf_{Farb} = \frac{n \cdot v_{a2m}}{c_2 \cdot I_m} = \frac{0{,}33 \cdot 0{,}22 \cdot 1000}{1{,}2 \cdot 3600 \cdot 18} = 9{,}3 \cdot 10^{-4} \text{ m/s}$$

lässigkeit des Grundwasserleiters bzw. einzelner Schichten zu erhalten, kann näherungsweise folgende Gleichung mit den Bezeichnungen nach Abb. 10 zur Ermittlung des k_f-Wertes aus dem Farbversuch zugrunde gelegt werden:

$$kf_{Farb} = \frac{n \cdot v_{am}}{I_m}$$

$$\text{bzw. } kf_{Farb} = \frac{n \cdot v_{a2m}}{c_2 \cdot I_m}$$

Über die praktische Versuchsdurchführung im einzelnen und Versuchsergebnisse im Zusammenhang mit Pumpversuchen sowie bei Anlagen zur Gewinnung uferfiltrierten Oberflächenwassers soll in einem weiteren Beitrag berichtet werden.

Zusammenfassung

Die wichtigsten Geschwindigkeitsarten der Grundwasserbewegung sind die Filtergeschwindigkeit v_f und die Abstandsgeschwindigkeit v_a. Während für Wassermengenermittlungen die Filtergeschwindigkeit maßgebend ist, kommt bei Wassergüteproblemen der Abstandsgeschwindigkeit die gleiche Bedeutung zu.

Bedingt durch Form und Größe der Porenräume besitzen einzelne Wasserteile eine relativ große Geschwindigkeit. Dies hat zur Folge, daß eine anfänglich zusammenhängende Grundwasserlamelle auseinandergezogen wird.

Zeitschrift für angewandte Geologie, Bd. 10 (1964), Heft 6

Durch Farbversuche in Labor und Feld konnte die anteilmäßige Geschwindigkeitsverteilung ermittelt werden. Die Grundlage bildet die Farbintensitätskurve, die auch zur Ermittlung des k_f-Wertes herangezogen werden kann. Durch diese Möglichkeit erhält der Pumpversuch eine wertvolle Ergänzung, nachdem für die Versuchsdurchführung ein geeignetes Verfahren ausgearbeitet und eine besondere Auswertungsmethode entwickelt wurde.

Резюме

Важнейшими видами скорости движения грунтовых вод являются прифильтровая скорость v_f и дистанционная скорость v_a. Если прифильтровая скорость является определяющей при выявлении количества вод, то дистанционная скорость имеет то же значение при проблемах качества вод. Отдельные частицы воды обладают относительно большой скоростью, что обусловлено формой и величиной поровых пространств. Из этого следует, что первично связанная единица грунтовых вод растягивается. При практельных опытах в лаборатории и в поле можно было определить составляющие распределения скорости. Основу представляет собой кривая интенсивности крашения, которая также может быть использована для определения коэффициента фильтрации. Эта возможность также является ценным дополнением откачки, после того как был разработан пригодный способ для проведения опыта и был развит особый метод обработки.

Summary

The most important types of velocity of ground-water movement are the apparent velocity of ground-water flow v_f and the settling velocity v_a. While the apparent velocity of ground-water flow is decisive for the determination of the quantities of water, the same importance is attributed to the settling velocity in problems referring to the quality of water.

Owing to the shape and extent of the pore spaces, a relatively large velocity is attained by individual water particles. This involves a deployment of an originally coherent ground-water lamella. Laboratory and field colouring tests enabled to determine the proportional distribution of velocity. It is based on the colour intensity curve, which also affords a means to determine the k_f value. Thereby, after elaborating a suitable method for the test procedure and developing a special method of evaluation, the pumping test too is advantageously supplemented.

Zusammenfassende Betrachtung von Wasserdurchlässigkeitswerten klüftiger Gesteine[1])

P. P. Konjarowa, UdSSR

Zur Lösung einer Reihe von Fragen, insbesondere bei der Projektierung technischer Großbauten, muß die Wasserdurchlässigkeit der Gesteine im Standortbereich mit zweckentsprechendem Genauigkeitsgrad beurteilt werden. Zu diesem Zweck werden spezielle Versuchsarbeiten durchgeführt, die vor allem in Pumpversuchen und Wasserdruckprüfungen in Bohrungen bestehen.

Bei den Vorarbeiten zur Standortwahl, bei der Ausarbeitung eines Nutzungsschemas des Wasserlaufs, des Programms der Untersuchungsarbeiten, bei der Wahl der Ausrüstung usw. benötigt man jedoch häufig gewisse orientierende Werte über die Wasserdurchlässigkeit der Gesteine in dem Gebiet, das den Projektbearbeiter interessiert.

Gegenwärtig haben sich in den Fonds verschiedener Verwaltungen, wie z. B. dem Hydroprojekt, dem Hydroenergoprojekt, dem Tjeploenergoprojekt u. a., reichhaltige Unterlagen über die Wasserdurchlässigkeit verschiedener Gesteine in ihren einzelnen Verbreitungsgebieten angesammelt. Die Bearbeitung und Auswertung dieser Materialien könnten zu Kriterien für eine vorläufige Beurteilung der Wasserdurchlässigkeit der Gesteine in den Bereichen führen, in denen noch keine Versuchsarbeiten durchgeführt wurden.

Verf. unternahm den Versuch, die im Fonds des Hydroenergoprojekts vorliegenden Werte zu verallgemeinern. Da in den meisten Fällen keine Pumpversuche, sondern Wasserdruckprüfungen durchgeführt wurden, deren Ergebnisse noch in jüngster Zeit in Form des spezifischen Wasserverbrauchs und nicht in Form des Wasserdurchlässigkeitswerts ausgedrückt wurden, so bearbeitete Verf. die Daten des Wasserverbrauchs.

Die Prüfungsergebnisse wurden in Form sogenannter Integralkurven der Verteilung der spezifischen Wasserverbrauchswerte dargestellt.

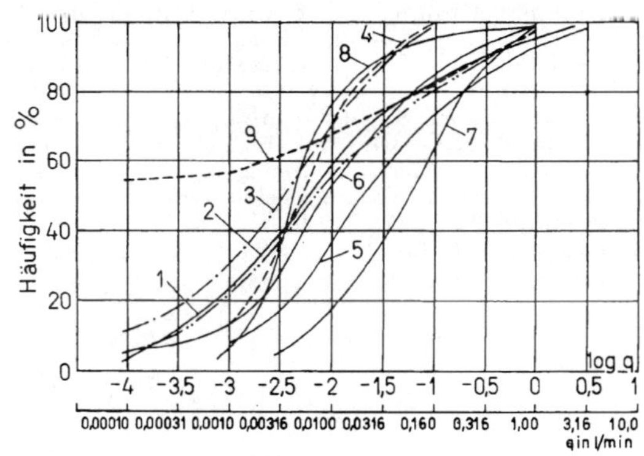

Abb. 1. Häufigkeitskurven der WD-Werte für Granite, Gneise und Granitgneise

Baltischer Schild: 1 – Bereich an der Onda, 130 WD-Prüfungen;
2 – Bereich an der Wyg, 128 WD-Prüfungen;
3 – Bereich an der Kowda. 36 WD-Prüfungen;
4 – Bereich an der Suna, 29 WD-Prüfungen.
Ukrainischer Schild: 5 – Bereich am Dnjestr, 60 WD-Prüfungen;
6 – Bereich am Dnjepr, 60 WD-Prüfungen;
7 – Bereich am Teterew, 57 WD-Prüfungen;
8 – Bereich am südlichen Bug, 92 WD-Prüfungen.
Nordkaukasus:
9 – Granite des Bereichs am Fluß Belafa, 111 WD-Prüfungen.

In Abb. 1 sind als Beispiel die Häufigkeitskurven der spezifischen Wasserdurchlässigkeitswerte (WD-Werte. D. Ü.) für Granite, Gneise und Granitgneise aus vier Bereichen des Baltischen kristallinen Schilds, aus vier Bereichen des Ukrainischen kristallinen Schilds und aus einem Bereich des Nordkaukasus gegeben. Auf der Abszisse sind die Logarithmen der WD-Werte und auf der Ordinate die Häufigkeiten

[1]) Aus: „Inshenerno-geologitscheskije swoistwa gornych porod i metody ich isutschenija". – Verl. AN SSSR, S. 220–224, Moskau 1962. Übers.: H. Käbel

in Prozenten aufgetragen. Die Häufigkeitskurven wurden nach der Methode von N. W. KOLOMENSKI konstruiert.[2])

Bei der Bearbeitung des Tatsachenmaterials wurden die WD-Werte durch ihre Logarithmen ersetzt, da sich sogar bei so wenig wasserdurchlässigen Gesteinen wie den Tiefengesteinen die spezifischen Wasserverbrauchswerte (q) von 0 bis 20—30 l/min verändern, während sich gleichzeitig die für praktische Zwecke bei den Vorarbeiten geforderte Genauigkeit dieses Werts mit dem Anwachsen seiner absoluten Größe verringert. Folglich ist es wichtig zu wissen, ob der WD-Wert hundertstel und tausendstel Liter pro Minute oder zehntel und ganzzahlige Liter pro Minute beträgt; doch hat es praktisch keine Bedeutung, ob er 10 oder 15 l/min oder sogar 50 oder 60 l/min ausmacht.

Die Häufigkeitskurven der WD-Werte spiegeln sehr detailliert die Besonderheiten der Verteilung dieser Größen wider. Sie lassen erkennen, welche Werte vorherrschen und welche selten (in Ausnahmefällen) anzutreffen sind. Wenn man die charakteristischen Grenzwerte bestimmt, kann man gleichzeitig hinzufügen, mit welchem Sicherheitsgrad in Prozenten zu allen durchgeführten Prüfungen sie angegeben sind.

So ist aus der Abb. 1 ersichtlich, daß die WD-Werte für Granite, Gneise und Granitgneise in sämtlichen neun untersuchten Bereichen bei 90% der Fälle 1 l/min nicht überschritten und meistens bedeutend kleiner als dieser Wert waren (0,25—0,3 l/min).

Die in diesen Bereichen beobachteten Maximalwerte erreichten einige Dutzend Liter pro Minute. Sie wurden beim Durchqueren lokaler Zonen mit offenen Klüften (offene tektonische Klüfte oder obere Zone eines Massivs, wo das Gestein infolge der Verwitterung in Blöcke zerfällt) verzeichnet.

Bei der Anfertigung der Kurven wurden für jeden Bereich sämtliche Prüfungsergebnisse, darunter auch die Maximalwerte, benutzt.

Je mehr Versuche für die Anfertigung der Kurven hinzugezogen werden, je mehr Bereiche untersucht sind und je größer daher die Zahl der Kurven für jede Gesteinsgruppe ist, desto genauer schälen sich die für diese Gesteine charakteristischen Grenzen der Streuung der Werte heraus (die obere Grenze mit 90%iger Sicherheit und Extremwerte für lokale Zonen erhöhter Wasserdurchlässigkeit).

Gleichzeitig lehrt die Erfahrung, daß die Größenordnung der Werte bereits bei einer relativ geringen Anzahl von Versuchen zu erkennen ist. So sind in Abb. 2 die Häufigkeitskurven für dieselben Gesteine und Bereiche wie in Abb. 1 dargestellt, doch unter Zugrundelegung einer gleich großen Anzahl von Versuchen. Es sind keine wesentlichen Veränderungen in der Konfiguration der Kurven beim Vergleich zwischen Abb. 2 und Abb. 1 festzustellen. Die Größenord-

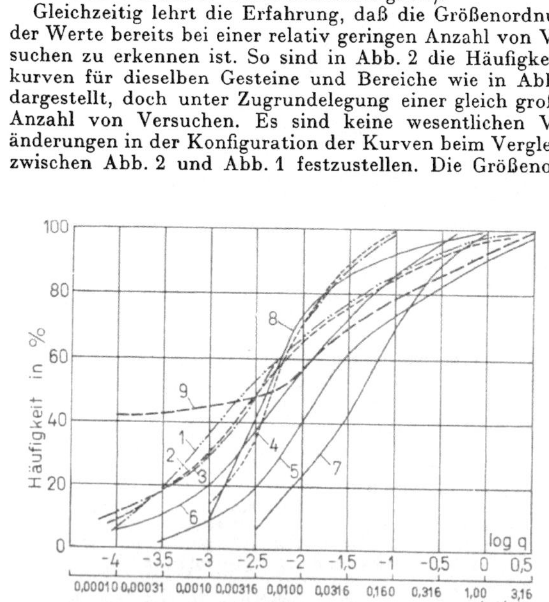

Abb. 2. Häufigkeitskurven der WD-Werte für Granite, Gneise und Granitgneise auf Grund von 36 ausgewählten WD-Prüfungen

(Ziffern wie in Abb. 1)

[2]) N. W. KOLOMENSKI: Ingenieurgeologie, T. II. — Gosgeoltechisdat, Moskau 1956.

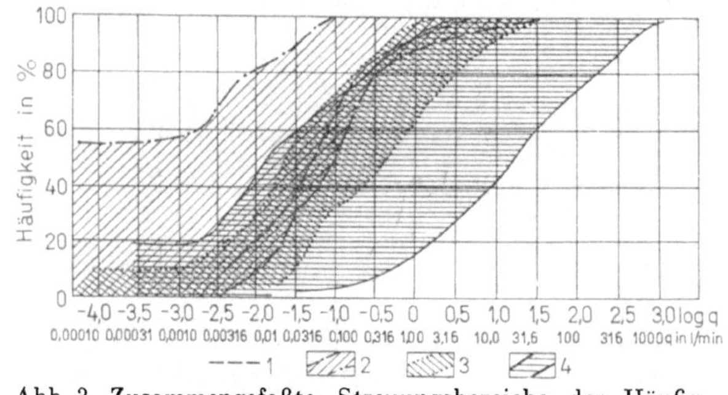

Abb. 3. Zusammengefaßte Streuungsbereiche der Häufigkeitskurven für die WD-Werte von effusiven und metamorphen, sedimentären nichtkarbonatischen und karbonatischen Gesteinen

1 — Obere Grenze des Streuungsbereichs der Häufigkeitskurven für die WD-Werte von Graniten, Gneisen und Granitgneisen
Streuungsbereiche der Häufigkeitskurven für WD-Werte von:
2 — effusiven und metamorphen Gesteinen,
3 — sedimentären nichtkarbonatischen Gesteinen,
4 — Kalkgesteinen

nung der Grenzwerte bei 90%iger Sicherheit hat sich ebenfalls nicht wesentlich verändert. Das gleiche Ergebnis brachte ein Vergleich von Kurven, die nach Prüfungsergebnissen in den gleichen Gesteinen und Bereichen im ersten und im zweiten Untersuchungsstadium angefertigt wurden.

Verf. hat Häufigkeitskurven der spezifischen Wasserverbrauchswerte für eine ganze Reihe verschiedener klüftiger Gesteine angefertigt: Granite, Gabbro, Diabase, Basalte, tuffogene Gesteine, Sandsteine, Tonschiefer, Kalksteine, Dolomite, Mergel und ihre Komplexe (Abb. 3). Auf der Abb. 3 sind durch Schraffur die Zonen ausgegliedert, innerhalb derer die Kurven liegen, die die WD-Werte dieser Gesteine in den Bereichen charakterisieren, in denen sie bei den Arbeiten des Hydroenergoprojekts untersucht wurden. Deutlich hebt sich die Zone der Kurven der am wenigsten wasserdurchlässigen effusiven und metamorphen Gesteine hervor. Sie befindet sich auf der Abb. 3 ganz links. Am breitesten ist die Streuungszone der Kurven, die die Wasserdurchlässigkeit der Kalkgesteine charakterisieren. Die Häufigkeitskurven der WD-Werte dieser Gesteine, insbesondere der intensiv verkarsteten, sind sehr in die Länge gezogen. Die Grenzwerte von 90%iger Sicherheit liegen für diese Gesteinsgruppe zwischen 0,8 (Fluß Ladshanuri) und 400 l/min (Dnjepr). Die Maximalwerte erreichen viele hundert Liter pro Minute.

Die Wasserdurchlässigkeit klüftiger Gesteine wird bekanntlich durch das Zusammenwirken einer ganzen Reihe von Faktoren bestimmt. In den verschiedenen Gebieten überwiegen verschiedene Faktoren. Darum kann man annehmen, daß es mit der Vergrößerung der Anzahl der untersuchten Bereiche gelingen wird, sie nach der Gleichartigkeit der historischen Entwicklung, des tektonischen und des geomorphologischen Baus zu untergliedern und die breite Zone der Kalkgesteine und der zementierten klastischen Gesteine in engere Subzonen mit genaueren Streuungsbereichen der WD-Werte aufzugliedern.

Die Fortsetzung der Arbeiten zur Verallgemeinerung des Tatsachenmaterials und die weitere Vervollkommnung der Methodik könnten ein wertvolles zusätzliches Material für die regionale Charakteristik klüftiger Gesteine liefern. Diese große Arbeit ist nur unter der Voraussetzung ausführbar, daß an ihr alle Organisationen teilnehmen, die WD-Prüfungen klüftiger Gesteine im großen vornehmen.

Abschließend muß hervorgehoben werden, daß die Ergebnisse der Aufarbeitung des angesammelten Faktenmaterials nur für die allgemeine Charakterisierung der Wasserdurchlässigkeit klüftiger Gesteine in diesem oder jenem Gebiet für vorläufige Projektierungsarbeiten anwendbar sind, daß sie jedoch in keinem Falle Feldprüfungen unmittelbar an den Standorten der Bauvorhaben unnötig machen. Diese Prüfungen müssen die flächenmäßige und tiefenmäßige Veränderung der Wasserdurchlässigkeit klären, Zonen mit unterschiedlicher Wasserdurchlässigkeit konturieren und lokale Zonen besonders hoher Wasserdurchlässigkeit ausgliedern.

Durch Untertagelaugung gewinnbares Kupfer – eine bedeutende Reserve[1])

B. M. Sobijew & L. W. Chodow, Moskau

Seit 60—70 Jahren wird in der Praxis der Weltkupferproduktion das hydrometallurgische Verfahren erfolgreich angewandt, das es gestattet, die verschiedenen Rohstoffarten in weitem Maße zu verwenden und das Metall mit geringsten Verlusten zu erhalten. Bei diesem Verfahren betragen die Selbstkosten von 1 t Kupfer ein Drittel und der erforderliche Arbeitsaufwand den 9.—10. Teil des Aufwandes beim pyrometallurgischen Verfahren.

Die hydrometallurgische Kupferproduktion erfolgt durch schwefelsaure Laugung von Kupfererzen oder kupferhaltigen Materialien unter Tage, in Haufen oder Kübeln, worauf das Kupfer aus den Lösungen durch Elektrolyse oder Zementation ausgefällt wird. Das erhaltene Produkt wird geschmolzen oder unmittelbar raffiniert, ohne daß eine Vorbehandlung, wie sie bei der Verarbeitung von Kupfererzen üblich ist, notwendig ist. Diese Methode macht es möglich, aus den bei der Untertagegewinnung unbauwürdigen Außerbilanzerzen, ferner aus Erzpfeilern, kupferreichem Erzkleingut sowie aus Halden beim Tagebau mit niedrigem Kupfergehalt billiges Metall zu gewinnen.

Die untertägige Haufenauslaugung wird bei sulfidischen Erzen angewandt, die Kübelauslaugung bei oxydischen und seltener bei gemischten Kupfererzen.

Umfassende Untersuchungen wurden angestellt, um Mikroorganismen saurer Böden und der Grubenwässer zur Intensivierung der Auslaugung von Kupfer, Molybdän, Mangan und Zink aus armen Erzen zu verwenden. Bedeutende Erfolge wurden in Kanada durch Verwendung von Bakterien zur Auslaugung sulfidisch-oxydischer Erze erzielt. Diese Bakterien zersetzen das in den Sulfiden enthaltene Eisen. Die auf dem Eisen wachsenden Bakterien können auch auf Schwefel und Metallsulfiden wachsen. Bei hundertstündiger Auslaugung durch diese Bakterien erhielt man aus dem Kupferkies eine Lösung mit einem Kupfergehalt von 1,2 g/l. Covellin wurde im Laufe von sechs Monaten vollständig gelöst.[2]) Für die Effektivität der Verwendung von Bakterien ist die Herabsetzung des Verbrauchs der für die Auslaugung erforderlichen Schwefelsäure der Hauptfaktor.

Die vom Institut „Uralmechanobr" durchgeführten analogen Untersuchungen über die Verwendung von Bakterien haben bei der Auslaugung der Kupfererze der Lagerstätten des Urals und anderer Lagerstätten zu sehr positiven Ergebnissen geführt.

In den kapitalistischen Ländern werden jährlich bis 20% der Kupferproduktion hydrometallurgisch gewonnen. In einigen Werken der USA beträgt die Kupfergewinnung durch Laugen 9000—11000 t pro Jahr (Cananea-Mine) bzw. 6500 t pro Jahr (Bagdad-Mine). Auf der Bingham-Mine (Utah) wurde mit der Errichtung einer Anlage zur Gewinnung des Kupfers durch Laugen der Grubenhalden, die bis 0,4% Kupfer enthalten, begonnen. Die Anlage ist für den täglichen Durchsatz von durchschnittlich 15000 m³ mit Kupfer angereichertem Wasser eingerichtet, und man erwartet, 11250 t Zementkupfer pro Jahr zu erhalten.[3])

In Afrika (Förderation Rhodesien und Njassaland) errichtet die Ntschanga Co. eine Anlage zur Laugung armer oxydischer Erze und eine solche zum Rösten armer sulfidischer Erze. Davon wird eine Steigerung der Kupferproduktion um 15000 t pro Jahr erwartet.

Trotz unserer positiven eigenen Erfahrungen ist in der UdSSR der Anteil des hydrometallurgisch gewonnenen Kupfers an der Gesamtproduktion dieses Metalls sehr unbedeutend. Aus den natürlichen zufließenden Grubenwässern, die bislang die Hauptquelle der hydrometallurgischen Kupfergewinnung darstellten, wurden in den letzten Jahren etwas mehr als 50000 t Kupfer gewonnen. Seine maximale Entwicklung erlangte dieses Verfahren im Jahre 1949. Damals waren 13 Zementationsanlagen in Betrieb, und es wurden 5730 t Zementkupfer gewonnen, davon 3070 t in der Grube von Djogtjarsk, 1913 t in der Grube von Bljawa und 338 t in den Gruben von Krasnouralsk. 1962 waren von diesen 13 Anlagen noch 3 in Betrieb, und die Gewinnung von Zementkupfer betrug insgesamt 1100 t.

Nicht alle Zementationsanlagen arbeiten mit guten Kennziffern. So geht auf der Grube von Djogtjarsk das Ausbringen an Zementkupfer nicht über 88,7% hinaus, die Produktivität eines Arbeiters beträgt 78 kg Cu pro Schicht; auf der Grube „Krasnaja Gwardija" sind die entsprechenden Werte 73,5% und 20 kg, auf der Lewichin-Grube 49,3% und 20 kg. Der Gehalt an metallischem Kupfer im Zementschlamm bewegt sich zwischen 45 und 65%.

Die Hauptursachen für den Rückgang der Gewinnung von Zementkupfer auf den Gruben sind folgende: Abnahme des Kupfergehalts in den natürlichen zufließenden Grubenwässern; Konservierung einer Reihe von Schächten; erhebliche Verluste an kupferhaltigem Wasser in den Kopfstabilisatoren, den Wasserleitungen und den Zementationsanlagen selbst infolge Verschleiß. Die Leistung der Anlagen entspricht nicht der Menge der zu verarbeitenden Lösungen (unzureichende Länge der Zementatoren und unzureichende Aufnahmefähigkeit der Kopfstabilisatoren, z. B. in Krasnouralsk); unregelmäßige Speisung der Zementationsanlagen mit den Grubenwässern; die Reinigung der Wässer von mechanischen Beimengungen ist schlecht organisiert; schlechte Qualität des für die Zementation verwendeten Abfalleisens.

Nach der Beseitigung der aufgeführten Mängel kann die Kupfergewinnung nach diesem Verfahren erheblich gesteigert werden. Zur Erlangung eines konstanten und den Konditionen entsprechenden Kupfergehalts in den Grubenwässern muß dort, wo es die Gebirgsverhältnisse gestatten, in die früher abgebauten Bereiche angesäuertes rücklaufendes Wasser eingebracht werden, um das verbliebene Kupfer wenigstens teilweise auszulaugen.

Nach bei weitem nicht vollständigen Angaben betrugen bei den untertägigen bergmännischen Arbeiten auf den abgebauten sowie im Abbau befindlichen Kupferlagerstätten der RSFSR zu Beginn des Jahres 1963 die Kupferverluste 240000 t. Zukünftig würden sie noch um das Mehrfache anwachsen. Von dieser Kupfermenge können 70—80% ohne großen Kapitalaufwand und mit geringen Abbaukosten allein hydrometallurgisch gewonnen werden.

Die untertägige Auslaugung des Kupfers aus dem bei UT-Abbau verlorenen Erz gestattet die Gewinnung von jährlich einigen Dutzend tausend Tonnen Kupfer. Die zusätzlichen Kapitalaufwendungen werden schätzungsweise 30 Millionen Rubel betragen. Bei Gewinnung der gleichen Kupfermenge durch bergmännische Untertagegewinnung betragen auf neuen Lagerstätten mittlerer Größe die Kapitalaufwendungen unter Berücksichtigung der Aufbereitung etwa 100—110 Millionen Rubel. Man kann mit Sicherheit behaupten, daß die Gewinnung von Zementkupfer in den nächsten 10—15 Jahren in der Sowjetunion im ganzen erheblich gesteigert werden kann.

Zur Erfüllung dieser Aufgabe ist es erforderlich, 1. alle Kupferlagerstätten eingehend zu untersuchen, um die Rohstoffbasis für die UT-Auslaugung des Kupfers genau zu ermitteln; 2. die in Betrieb befindlichen Anlagen zu rekonstruieren und in Ordnung zu bringen, früher vorhandene Anlagen wiederherzustellen und neue Zementationsanlagen und hydraulische Werksabteilungen zu errichten; 3. die materielle Interessiertheit der leitenden Kader der Gruben

[1]) Aus: „Gorny Shurnal", Nr. 9, S. 3–4, 1963. Übers.: W. Oestreich, Berlin
[2]) „Mining Engineering", Nr. 7/1962
[3]) „Mining Engineering", Nr. 10/1962

sowie der Arbeiter der hydrometallurgischen Werksabteilungen an der Erweiterung des Volumens der UT-Laugung und der Steigerung der Zementkupfergewinnung zu erhöhen; die hydrometallurgischen Betriebsabteilungen in den Bestand der wichtigsten Abteilungen der Gruben aufzunehmen und für sie die in diesen Abteilungen geltenden Löhne, Vorrechte und Vergünstigungen einzuführen; 4. die geltenden Abgabepreise für Zementkupfer zu erhöhen, um das Interesse der Gruben an seiner Produktion zu heben; 5. ein Seminar der Direktoren und Chefingenieure der Kupferwerke über Fragen der Organisation der Arbeiten zur Laugung der Kupfererze und Gewinnung von Zementkupfer durchzuführen.

Richtlinie der ZVK über die innere und äußere Kontrolle chemischer Analysen

(vom 29. Februar 1964)

Bei chemisch-analytischen Arbeiten können sogenannte grobe, systematische und zufällige Fehler begangen werden. Deshalb fordert die Zentrale Vorratskommission für mineralische Rohstoffe der DDR in ihren Instruktionen und Richtlinien, daß bei Vorratsberechnungen der Nachweis für die Zuverlässigkeit der den Berechnungen zugrunde liegenden Ergebnisse der chemischen Analysen zu erbringen ist.

Grobe Fehler entstehen durch offensichtliche Nachlässigkeit oder Unachtsamkeit (z. B. Verwechslung der Proben, sporadisches Versagen von Geräten u. a.) und können beliebige Größe und jedes Vorzeichen annehmen. Sie werden gewöhnlich leicht entdeckt. Analysenwerte mit groben Fehlern werden verworfen. Die Bemusterung ist zu wiederholen.

Systematische Fehler beeinflussen einseitig die Analysenergebnisse, d. h. haben gleiches Vorzeichen (plus oder minus). Sie werden meist durch apparative, methodische u. a. Mängel verursacht und werden in der Regel vom gleichen Labor nicht erkannt.

Zufällige Fehler sind unregelmäßige Abweichungen der Analysenergebnisse, d. h., sie besitzen wechselnde Vorzeichen und Größen (plus und minus). Sie entstehen durch zufällig wirksame Faktoren (subjektive und Veränderlichkeiten der äußeren Umgebung) und können in der Regel vom gleichen Labor bei wiederholter Analyse erkannt werden.

Die Aufgabe des Erkundungsgeologen, der die Zuverlässigkeit der verwendeten Analysenergebnisse nachzuweisen hat, besteht darin, a) die Größen des systematischen und des zufälligen Fehlers zu bestimmen, die dem Erstlabor bei der Durchführung der Analysen unterlaufen sind, b) entweder ihre Bedeutungslosigkeit für das Ergebnis zu beweisen oder ihre schädlichen Auswirkungen zu beseitigen.

Aus dem Charakter der Fehler und der Fehlerursachen folgt, daß

a) der zufällige Fehler der Erstanalysen durch wiederholte Analyse des gleichen Materials im gleichen Labor ermittelt werden kann; diese Form der Kontrolle heißt innere Kontrolle, die von der in jedem Labor üblichen Selbstkontrolle des Chemikers (z. B. durch Doppelbestimmung) zu unterscheiden ist;

b) ein systematischer Fehler der Erstanalyse in der Regel nur durch Wiederholung der Analyse des gleichen Materials in einem anderen Labor ermittelt werden kann; diese Form der Kontrolle heißt äußere Kontrolle. In diesem Falle ist es nicht erforderlich, das gleiche Bestimmungsverfahren anzuwenden, wenn im Kontrollabor ein besseres (d. h. genaueres) zur Verfügung steht.

Zur ordnungsgemäßen Durchführung der inneren und äußeren Kontrolle von chemischen Analysenergebnissen, die bei Vorratsberechnungen verwendet werden, wird festgelegt:

A. Allgemeine Festlegungen

1. Bei der Vorbereitung der Proben für die Untersuchung, d. h. bei ihrer ordnungsgemäßen Reduzierung auf das Gewicht der an das Labor zu übergebenden Proben (sogen. Laborproben), sind aus dem vorhandenen Material ausreichend Proben für die innere und äußere Kontrolle abzuzweigen.

2. Proben für die innere Kontrolle sind dem Erstlabor nicht sporadisch oder nach Abschluß der Arbeiten, sondern während der gesamten Untersuchungstätigkeit des Labors für das betr. Objekt zuzuleiten. Proben für die äußere Kontrolle sind in regelmäßigen Abständen, jedoch nicht seltener als einmal im Quartal (bei umfangreichen und langwierigen Arbeiten), dem Kontrollabor zuzuleiten.

3. Bei wechselhaften Gehalten sind alle Gehaltsbereiche proportional an der Gesamtzahl der Kontrollproben zu beteiligen. Bei sehr wechselhaften Gehalten ist dafür Sorge zu tragen, daß der Umfang der Kontrollanalysen in jedem Gehaltsbereich[1]) nicht unter 15 liegt.

B. Die innere Kontrolle

1. Als zufälliger Fehler eines Analysenwertes gilt die halbe Differenz (d/2) eines Analysenwertepaares (bestehend aus Erst- und Kontrollanalyse).

2. Der vorliegende zufällige Fehler wird als Durchschnitt (ohne Beachtung des Vorzeichens) der halben Differenzen der Analysenwertepaare für die Analysenserie eines Gehaltsbereichs (s. Gehaltsbereiche der Tab.) bestimmt. Die Analysenserie eines Gehaltsbereichs muß mindestens 12—15 Werte umfassen.

3. Liegt der ermittelte durchschnittliche zufällige Fehler unter den Normativen (z. B. der Tab.), können die Erstanalysen für die Vorratsberechnung verwendet werden. Überschreitet er diese Normative, werden alle Erstanalysen der betr. Gehaltsbereiche und Arbeitsperiode des Labors verworfen, sie sind zu wiederholen.

4. Normative für den durchschnittlichen zufälligen Fehler werden in Abhängigkeit von der erreichbaren Bestimmungsgenauigkeit, der für den Verwendungszweck erforderlichen Genauigkeit und nach ökonomischen Gesichtspunkten von den (technisch-wissenschaftlichen Zentren der) VVB herausgegeben.

Als solche Normative können auch die von der StGK im Jahre 1959 herausgegebenen und im Anhang aufgeführten Tabellenwerte gelten, wenn beachtet wird, daß als „Fehler" (in der 3. Spalte) die ganze Differenz der Analysenpaare (d. h. „d") angegeben wird.

5. Der ermittelte durchschnittliche zufällige Fehler darf nicht zur Korrektur der Erstanalysen verwendet werden. Er dient lediglich dazu, um die Brauchbarkeit bzw. Unbrauchbarkeit der Erstanalysen im Hinblick auf den begangenen zufälligen Fehler nachzuweisen.

C. Die äußere Kontrolle

1. Als systematische Fehler einer Analysenserie werden einseitige Fehler innerhalb eines Gehaltsbereichs bezeichnet. Ihr Vorzeichen und ihre Größe können für verschiedene Gehaltsspannen wechseln. Systematische Fehler müssen daher für einzelne Gehaltsbereiche bestimmt werden.

2. Es muß zunächst der Nachweis geführt werden, daß überhaupt ein systematischer Fehler vorliegt, und dann dessen Größe bestimmt werden.

3. Dieser Nachweis und die Größenbestimmung des systematischen Fehlers sind für jedes Gehaltsbereich gesondert zu führen.

4. Für den Nachweis eines systematischen Fehlers wird folgende mathematische Analyse der Vorzeichenverteilung der Differenzen empfohlen[2]):

[1]) Darunter sind hier jene Gehaltsspannen zu verstehen, in denen die Höhe des Gehalts zu charakteristischen Fehlern führt (s. Anhang, Pkt. 1).
[2]) S. hierzu das Rechenbeispiel im Anhang, Pkt. 2.

a) Auf die Anzahl der positiven (m) und die Anzahl der negativen (n) Differenzen wird die Anzahl der Wertepaare ohne Differenzen proportional aufgeteilt (m' und n').

b) Das Vorliegen eines systematischen Fehlers (dessen Wahrscheinlichkeit) wird errechnet[3]) aus der Formel:

$$t = \frac{2\,m' - N}{\sqrt{N}}$$

wo N die Anzahl der insgesamt vorliegenden Wertepaare bezeichnet.

Die Rechnung wird dabei für den hypothetischen Fall geführt, daß kein systematischer Fehler vorliegt. t drückt somit die Wahrscheinlichkeit dafür aus, daß m' ohne systematischen Fehler kleiner als das tatsächlich beobachtete m' ist. Ist diese Wahrscheinlichkeit sehr groß, muß geschlußfolgert werden, daß das tatsächlich erreichte m' nur durch einen vorhandenen systematischen Fehler erklärt werden kann.

c) Der Beweis für das Vorliegen eines systematischen Fehlers ist erbracht, wenn t gleich oder größer als 2,33 ist. Liegt t zwischen 1,65 und 2,33, ist die Anzahl der Kontrollanalysen zu erhöhen, bis die angegebenen Grenzen über- bzw. unterschritten werden. Bei $t < 1{,}65$ wird der vorhandene Fehler als zufällig betrachtet.

5. Die Größe des systematischen Fehlers wird als Durchschnitt aller Differenzen bei Berücksichtigung des Vorzeichens bestimmt, d. h. nach den Formeln

$$d_m = \frac{\Sigma\, d_i}{N} \quad \text{oder} \quad d_m = M_{Kontr} - M_{Erst}$$

wo d_m — der systematische Fehler des betr. Gehaltsbereichs
d_i — die einzelnen Differenzen
N — die Anzahl der Wertepaare
M_{Kontr} — das arithmetische Mittel aus den Kontrollwerten
M_{Erst} — das arithmetische Mittel aus den Erstwerten

6. Bei gesicherter Berechnung des systematischen Fehlers (d. h. bei seiner Berechnung aus einer genügend großen, der Streuung entsprechenden Anzahl Wertepaare) kann für das betr. Gehaltsbereich ein Korrekturkoeffizient aus der Formel berechnet werden:

$$k = \frac{M_{Kontr}}{M_{Erst}}$$

7. Bei der Einführung eines Korrekturkoeffizienten muß Sicherheit über die Berechtigung seiner Einführung in der berechneten Höhe vorliegen, weil er direkt die Höhe der berechneten Vorräte beeinflußt. Dazu ist der Nachweis über die Richtigkeit der Kontrollanalysen (in der Regel durch eine dritte Kontrolle in einem dafür geeigneten Labor) zu erbringen.

Außerdem ist zu beachten, daß systematische Fehler auch zeitlich begrenzt, d. h. auf eine bestimmte Arbeitsperiode des Labors beschränkt, sein können. Bei umfangreichen, zu verschiedenen Zeitpunkten durchgeführten Laborarbeiten ist die Prüfung auf diesen Umstand einzustellen.

D. Abschließende Bemerkung

1. Die Analysenkontrolle ist zu dokumentieren; die Dokumente sind von den verantwortlichen Bearbeitern zu unterzeichnen.

2. Über die durchgeführte Analysenkontrolle ist in der Vorratsberechnung zu berichten, die erforderlichen Dokumente, Tabellen usw. sind beizulegen.

3. Die Berechtigung für die Einführung eines Korrekturkoeffizienten (und deren Notwendigkeit) ist nachzuweisen.

ZENTRALE VORRATSKOMMISSION
FÜR MINERALISCHE ROHSTOFFE DER DDR
Der Vorsitzende
Stammberger

[3]) s. P. L. KALLISTOW in „Anleitung zu den Erkundungs- und Vorratsberechnungsmethoden für Golderzlagerstätten". — Verlag Techn. Inform. des NIGRISoloto, Moskau 1956 (russisch).

Anhang

1. Ermittlung zu beachtender Gehaltsbereiche (s. A. 3)

Die ZVK empfiehlt als einfachste Lösung die graphische Regressionsanalyse. Dazu werden die beiden Analysenwerte eines Paares als Koordinaten eines Punktes betrachtet und in ein Koordinatensystem „Erstanalyse—Kontrollanalyse" eingetragen. (Auf der Winkelhalbierenden liegen alle Analysenpaare ohne Differenzen.) Zusammenhängende Gehaltsspannen (-bereiche), in denen sich eine bestimmte Tendenz abzeichnet (deren Punkte somit vorwiegend auf einer Seite der Winkelhalbierenden liegen), sind als ein zu überprüfendes Gehaltsbereich zu behandeln.

Der geforderte Kontrollumfang (nicht unter 15) bezieht sich auf ein solches Bereich.

Deutet sich keine Tendenz der erwähnten Art an, kann die Analysenkontrolle ohne Gliederung nach Gehalten erfolgen.

2. Rechenbeispiel zum Nachweis eines systematischen Fehlers (zu C. 4)

N — Gesamtzahl der Analysenpaare = 60
m — Abweichungen mit positivem Vorzeichen = 43
n — Abweichungen mit negativem Vorzeichen = 13
o — ohne Abweichungen = 4

a) Berechnung von m':

$$m' = 43 + \frac{4 \cdot 43}{43 + 13} = 43 + 3{,}07 = 46{,}07$$

b) Berechnung von n':

$$n' = N - m' = 60 - 46{,}07 = 13{,}93$$

c) Wenn kein systematischer Fehler vorhanden ist, ist das Auftreten von positiven und negativen Abweichungen gleich wahrscheinlich, d. h. jeweils gleich 0,5.

d) Es wird die Wahrscheinlichkeit dafür berechnet, daß bei Abwesenheit eines systematischen Fehlers m' kleiner sein müßte, als beobachtet wurde, d. h.:

$$p\,(m' < 46{,}03) = \varphi\,(t)$$

Nach der von KALLISTOW vorgeschlagenen Formel ist

$$t = \frac{2\,m' - N}{\sqrt{N}} = \frac{92{,}14 - 60}{\sqrt{60}} = \frac{32{,}14}{7{,}746} = 4{,}15$$

e) $t = 4{,}15$ ist bedeutend größer als das erforderliche 2,33 (bei dem bereits eine Wahrscheinlichkeit von 0,99 erreicht wird) und entspricht einer Wahrscheinlichkeit von 0,99999.

f) Mit einer Wahrscheinlichkeit, die gleich Sicherheit ist, müßte bei Abwesenheit eines systematischen Fehlers m' kleiner als 46,07 sein. Folglich muß ein systematischer Fehler vorliegen, wenn es tatsächlich mit 46,07 ermittelt wurde.

3. Tabelle der Höchstwerte für den durchschnittlichen zufälligen Analysenfehler (Staatliche Geologische Kommission, 1959)

Zu bestimmender Bestandteil		Gehalt d. Bestandteils in der Probe %	Differenz, relat. % v. Gehalt
Aluminiumoxyd	Al_2O_3	über 20	2– 4
		5–20	4– 8
		1– 5	8–20
Antimon	Sb	über 2	3–12
		0,5–2	12–20
Arsen	As	über 2	1– 5
		0,5–2	5– 7
		bis 0,5	10
Bariumsulfat	$BaSO_4$	über 85	1– 2
		50–85	2– 3
		20–50	3– 5
		bis 20	5– 6

Zu bestimmender Bestandteil		Gehalt d. Bestandteils in der Probe %	Differenz, relat. % v. Gehalt
Blei	Pb	über 15	2– 3
		6–15	3– 6
		0,5–6	6–12
		bis 0,5	12
Calciumoxyd	CaO	über 25	3– 5
		5–25	5–10
		1–5	10–25
Chrom	Cr	über 10	1– 3
		1–10	3– 7
		bis 1	7
Eisen	Fe	über 30	1– 2
		10–30	2– 4
		5–10	4– 8
Eisen-II-Oxyd	FeO	über 5	2– 4
		1–5	4– 7
Fluor (Calciumfluorid)	CaF_2	über 40	2– 3
		10–40	3– 5
		bis 10	5
Gold	Au	über 50 g/t	1– 3
		20–50 g/t	3– 5
		5–20 g/t	5–10
Kieselsäure	SiO_2	30–50	2– 3
		10–30	3– 7
		3–10	7–15
Kobalt	Co	über 0,5	2– 6
		bis 0,5	6
Kupfer	Cu	über 3	3– 7
		0,5–3	7–10
		0,05–0,5	10–15
Magnesiumoxyd	MgO	über 5	3–10
		1–5	10–20
Mangan	Mn	über 5	2– 4
		1–5	4– 7
		0,05–1	7–20

Zu bestimmender Bestandteil		Gehalt d. Bestandteils in der Probe %	Differenz, relat. % v. Gehalt
Molybdän	Mo	über 1	2– 5
		0,25–1	5–10
		0,05–0,25	10–20
Nickel	Ni	1–5	3– 7
		0,2–1	7–15
		bis 0,2	15
Phosphor	P	über 0,3	3– 7
		0,03–0,3	7–15
Quecksilber	Hg	über 2	4– 7
		0,25–2	7–15
		0,06–0,25	15–30
Silber	Ag	über 100 g/t	1– 3
		30–100 g/t	3– 5
		10– 30 g/t	5–12
Schwefel	S	über 20	1– 2
		1–20	2– 5
		0,05–1	5–10
Titansäure	TiO_2	2–15	2– 5
		0,1–2	5–20
Vanadium	V	über 0,5	3–10
		0,06–0,5	10–30
Wismut	Bi	über 0,6	5–15
		0,2–0,6	15–20
Wolframsäure	WO_3	über 1	3– 8
		0,25–1	8–15
		0,05–0,25	15–25
Zink	Zn	über 25	2– 3
		10–25	3– 6
		0,5–10	6–15
		bis 0,5	15
Zinn	Sn	über 1	3– 7
		0,25–1	7–15
		0,05–0,25	15–30

Lageveränderungen und Deformationen von Bauwerken in Auslaugungsgebieten[1]

ALFRED THOMAS, Berlin

(Mitteilung aus dem Zentralen Geologischen Institut, Berlin)[2]

Einleitung

In Helfta nahmen in den letzten Jahren Gebäudeschäden und Geländesenkungen immer mehr zu. Das veranlaßte die Arbeitsgruppe Ingenieurgeologie des Zentralen Geologischen Instituts, an der Lösung der damit verbundenen Fragen mitzuarbeiten, dies besonders auch im Hinblick auf das allgemein zu behandelnde Karst- und Auslaugungsproblem sowie im Zusammenhang mit der Aufgabe, ingenieurgeologische Kartierungen in solchen Gebieten durchzuführen.

Der zu leistende Beitrag stützt sich auf ingenieurgeologische Erfahrungen, Beobachtungen und Methoden und umfaßt folgende Teilaufgaben:

1. Sichtung der vorliegenden Unterlagen, Begutachtungen und Veröffentlichungen zur ingenieurgeologischen Auswertung;
2. Beobachtungen im Gelände und Entwicklung einer für die Erfassung der Vorgänge geeigneten Methodik;
3. Auswertung der methodischen Arbeiten als zusätzlichen Test der Ergebnisse anderer Untersuchungsverfahren;
4. Schlußfolgerungen, die die bisherigen Kenntnisse erweitern und das Problem seiner Lösung näherbringen sollen.

Die geologischen und ingenieurgeologischen Verhältnisse der Gegend um Helfta

Die Eislebener Talaue

Die geologische Situation von Helfta ist gekennzeichnet durch die Eislebener Talaue, an deren Südwestrand sich die Ortschaft anlehnt. Im Untergrund dieser Niederung wird das einst angestaute Ältere Steinsalz durch einen Salzspiegel annähernd horizontal abgeschnitten. FULDA, der schon 1909 den Begriff des Salzspiegels geprägt hatte, gibt seine Höhenlage im Mansfelder Seengebiet und in der Eislebener Talaue mit 145 m unter NN an (FULDA 1935). Einige Bohrungen östlich Eis-

[1]) Eingang des Manuskripts in der Redaktion: 10. 6. 1963.

[2]) Die vorliegende Arbeit ist das Ergebnis von Untersuchungen, die im Frühjahr 1962 in einer von Senkungserscheinungen betroffenen Ortschaft der Mansfelder Mulde durchgeführt und in einem Bericht ausgewertet worden sind (THOMAS 1962).
In diesem Gebiet sind bereits seit Jahren ingenieurgeologische Arbeiten durch Dr. DETTE, Dr. v. HOYNINGEN-HUENE, Dipl.-Ing. KAMMERER und Dr. REUTER durchgeführt worden.
Die Genannten haben die vorliegende Arbeit durch zahlreiche mündliche Anregungen und Hinweise unterstützt, wofür ihnen an dieser Stelle nochmals gedankt sei.

leben haben den Salzspiegel auch tatsächlich in dieser Tiefe angetroffen (Fulda & Hülsemann 1930). Darüber liegt ein Gipshut, der sich sowohl über die Salzspiegelfläche als auch über das Gebiet der vollständigen Auslaugung erstreckt. Dem Zechstein lagert der Buntsandstein auf. Darüber lagern tertiäre Schichten und quartäre Ablagerungen mit einer weitverbreiteten Decke aus Löß. In der Geologischen Karte von Eisleben i. M. 1:25000 (1929) verläuft die Grenze der Salzspiegelausdehnung annähernd längs des Südwestrandes der Talaue.

Die neueren Bearbeitungen in diesem Gebiet wurden eingeleitet durch ein ingenieurgeologisches Gutachten, das v. Hoyningen-Huene (1952) für einen Teilbebauungsplan des zwischen Eisleben und Helfta beiderseits der Fernstraße 80 gelegenen Geländes verfaßt hat. Dieses Gutachten enthält nicht nur eine Beurteilung der Baugrundverhältnisse und des tieferen Untergrunds im Rahmen des vorgesehenen Bebauungsplans, sondern charakterisiert auch die Verhältnisse in der weiteren Umgebung von Eisleben und in anderen Teilen der Mansfelder Mulde (i. w. S.). Er äußerte damals ernsthafte Bedenken wegen der in gewissen Bereichen festzustellenden latenten Erdfallgefahr, die nur durch die Erfahrungen gemildert werden, daß Erdfallkatastrophen in bewohnten Siedlungen bisher zu den größten Seltenheiten gehörten. Es erschien jedoch zwecklos, das vorgesehene Baugelände völlig zu verwerfen. Er warf in seinem Gutachten aber die Frage auf, ob es verantwortet werden könne, in erdfallgefährdeten Gebieten überhaupt dreistöckige Wohnblocks zu errichten.

Der Verlauf der Salzspiegelgrenze mitten durch das Baugelände mußte als sehr bedenklich angesehen werden. Der natürliche Vorgang des Auslaugens löslicher Gesteine des Zechsteins verursacht die Bildung von Hohlräumen, deren Zusammenbruch zu den bekannten Erdfällen und Senkungen führt. Diese Prozesse können durch die ständige Wasserhaltung des Bergbaus noch beschleunigt werden.

In einer Veröffentlichung über Auslaugungsschäden hat v. Hoyningen-Huene (1957a) darauf hingewiesen, daß der im Gebiet von Eisleben bei etwa —150 m NN vorhandene Salzspiegel noch nicht zur Ruhe gekommen ist. Nach den Beobachtungen in Helfta kann man dieser Ansicht zustimmen.

In zusammenfassender Form sind die Probleme senkungsgefährdeter Gebiete neuerdings durch Fritz & Renate Reuter (1962) an einer Reihe von Fällen aus der Praxis in anschaulicher Weise behandelt worden. Als Ergebnis haben die Verfasser eine Klassifikation der Auslaugungserscheinungen in Gebieten des Gips- und Salzkarstes aufgestellt.

Das Gebiet der Mansfelder Seen

Die Ortschaft Helfta liegt im südwestlichen Teil der Mansfelder Mulde (i. w. S.), die im Südwesten etwa parallel der Linie Bischofrode—Hornburg gegen den Hornburger Sattel abgegrenzt wird. Dieser Teil der Mansfelder Mulde ist in ingenieurgeologischer Hinsicht besonders bemerkenswert wegen der in jüngster Zeit so besonders augenfälligen Bewegungen der Erdoberfläche und der damit verbundenen Gebäudeschäden.

Außer Erdeborn, wo die Ereignisse zeitweise schon beunruhigende Formen angenommen hatten, sind auch die Orte Oberröblingen, Unterröblingen, Amsdorf, Rollsdorf und Volkstedt von solchen Schadenserscheinungen betroffen worden. Hierüber hat v. Hoyningen-Huene (1959) aufschlußreich berichtet, wobei er die Bezeichnungen „Eislebener Niederung“ und „Gebiet der Mansfelder Seen“ gebrauchte.

Bereits in einem Gutachten vom 14. 8. 1953 befaßte er sich mit den Verhältnissen im Gebiet von Erdeborn, Röblingen, Amsdorf und Wansleben sowie mit den in diesen Ortschaften weitverbreiteten Gebäudeschäden durch Senkungseinflüsse. Er hat schon damals die aus dem tieferen Untergrund herrührende Gefahr richtig eingeschätzt, ist zu der Schlußfolgerung gekommen, daß die Senken, durch den geologischen Aufbau des Untergrunds bedingt, auf Salzauslaugung zurückzuführen sind, und hat folgende Forderungen erhoben:

a) Feststellung der Fläche des gesamten Senkungsgebiets;

b) Feststellung der Senkungsgeschwindigkeiten in der flachliegenden Tiefzone des Senkungsgebiets;

c) Feststellung der Bruchkanten und Senkungstrichter mit ungleichmäßigen Senkungserscheinungen;

d) quantitative Wasserhaushaltsberechnung der gesamten Mansfelder Mulde;

e) Zusammenstellung des gesamten bautechnischen und geologischen Beobachtungsmaterials, welches Hinweise auf den Charakter der Senkungen liefert.

Zum Punkt b) hat sich vor allem Kammerer (1962a) durch Analyse der Geschwindigkeiten und Beschleunigungen der Senkungen um die Erforschung des Senkungsverlaufs verdient gemacht. Die Forderung e) muß auch weiterhin als vordringliche Aufgabe angesehen werden.

In einem weiteren Gutachten über die ungleichmäßigen Senkungserscheinungen in den Randgebieten der Eislebener Niederung nennt v. Hoyningen-Huene (1957b) außer Erdeborn, Röblingen und Wansleben nun auch Rollsdorf und Volkstedt als Schadensgebiete.

Von den betroffenen Ortschaften ist Erdeborn am gründlichsten erforscht worden. Hier gelang es, die Schadenserscheinungen weitgehend einzudämmen oder unter Kontrolle zu halten. Die vielseitig durchgeführten geologischen, geophysikalischen und geodätischen Untersuchungen in Verbindung mit anderen meßtechnischen Verfahren hatten das Ziel, Voraussagen über die künftige Entwicklung der Schäden und Gefahren zu machen (v. Hoyningen-Huene, Meisser, Kammerer, Dette, 1958). Dies wurde besonders auch durch die von Kammerer vorgenommene umfassende Auswertung der aus den eigenen Neigungsmessungen erzielten und der vom Vermessungsdienst zur Verfügung gestellten Meßergebnisse ermöglicht (Dette 1958a).

Die Situation zwischen Eisleben und Helfta

Welch große Bedeutung die einwandfreie Kenntnis der geologischen Verhältnisse in Auslaugungsgebieten für die Praxis hat und welche wichtigen ökonomischen Konsequenzen sich aus der ingenieurgeologischen Einschätzung für das Bauwesen ergeben, wird am Beispiel der großen Bergmannssiedlung zwischen Eisleben und Helfta deutlich. Es handelt sich dabei um drei Bebauungsabschnitte, einen nördlichen (südöstlich von

Eisleben), einen mittleren und einen südlichen (nordwestlich von Helfta).

Der nördliche Bebauungsabschnitt war die Veranlassung zu dem bereits erwähnten Gutachten aus dem Jahre 1952. Die weitere Betreuung erfolgte durch KAMMERER, der anläßlich des Baus einer Schule an einen früheren Beschluß erinnert, große Versammlungsräume auf diesem Gelände nicht zu errichten. Interessant war auch die Mitteilung, daß beim Aushub einer Baugrube im Block X ein kuppelartiger Hohlraum von 3 m Durchmesser angetroffen worden war. Diese Erscheinung wurde auf Subrosion im Löß zurückgeführt und hat mit Bergbau oder Zechsteinauslaugung nichts zu tun. Erosionsvorgänge im Löß sind kürzlich durch BACHMANN, v. HOYNINGEN-HUENE & REUTER (1963) beschrieben worden.

Den mittleren Bebauungsabschnitt bearbeitete KAMMERER ingenieurgeologisch. Es wurde festgelegt, eine Bebauung nordöstlich der Fernstraße 80 wegen des Salzspiegels grundsätzlich zu unterlassen, da mit einer Gefährdung gerechnet wird. Für den Baukomplex südwestlich der Fernstraße wurde die Möglichkeit von Zerrungen in Richtung auf die Straße erwogen. Dem sollte durch eine „Zerrbewegung“ in den Fundamenten und Kellerwänden im Sinn der Richtlinien für die Ausführung von Bauten im Einflußbereich des Untertagebergbaus begegnet werden.

Der dritte Bebauungsabschnitt erstreckt sich bis an die bebaute Ortslage Helfta heran. Dieses Gelände liegt ebenfalls in der Nachbarschaft des Salzspiegelbereichs, parallel zu dessem Rand. In der ingenieurgeologischen Begutachtung wurden vergleichende Höhenmessungen gefordert, um eine Sicherung gegen Überraschungen zu gewährleisten. Es war dabei entscheidend, daß das Höhenmeßnetz bis an die inzwischen im Schadensgebiet der Ortslage Helfta angelegten Höhenmeßpunkte ausgedehnt wurde.

Die Forderung beruht auf folgenden Überlegungen. Unter dem Gelände der geplanten Bauten steht nach den Unterlagen der Salzspiegel des Älteren Steinsalzes nicht mehr an. Es ist jedoch zu berücksichtigen, daß der vorhandene Gipshut ebenfalls aus wasserlöslichem Gestein besteht, in dem die Bildung von Auslaugungshöhlen durch Nachstürzen des Hangenden bis zur Oberfläche durchsetzen kann. Das ingenieurgeologisch noch zu befürwortende Baugelände findet nach Osten zu seine Begrenzung etwa im Zug der Fernstraße. Jenseits dieser Linie müssen der Salzauslaugung noch bedenkliche Folgen für jede Art der Bebauung zugeschrieben werden.

Die Ortslage Helfta

Bei der Ortslage Helfta (i. e. S.) handelt es sich um die seit vielen Jahrzehnten und teilweise seit Jahrhunderten bebaute Fläche, die südlich der Fernstraße 80 und nördlich des Randes der Meßtischblätter Eisleben und Erdeborn liegt. Die Nachforschung erbrachte nur wenig geologische Unterlagen. Außer der Geologischen Karte von FULDA & HÜLSEMANN (1929) scheint kaum eine Publikation vorzuliegen, der man Näheres über die geologischen und ingenieurgeologischen Verhältnisse entnehmen könnte.

Angaben über die quartären Ablagerungen finden sich in einer von SCHULZ (1962) gegebenen Übersicht über das Pleistozän in der Umgebung von Halle. Die Mansfelder Mulde als Hochfläche war während der Holstein-Warmzeit Abtragungsgebiet (a. a. O., S. 25). Helfta liegt noch im Bereich des Hauptvorstoßes der Warthe-Eiszeit, der an den Flanken des Hornburger Sattels zum Stillstand kam (a. a. O. 48 und 49).

Ingenieurgeologische Begutachtungen liegen nur für einige kleine Bauobjekte vor. Die Beurteilungen fielen teils ablehnend, teils bedingt zustimmend aus. Bei einem Bauvorhaben noch außerhalb der aktiven Schadenszone gab KAMMERER den Hinweis, daß alle auf Zug und Biegung empfindlichen Bauelemente, wie Gewölbe sowie Fensterstürze (sogenannte gerade Gewölbe), die keine Stahleinlagen oder Stahlträger enthalten, zu vermeiden sind. Seit 1955 ist auch die Ortslage Helfta in das geodätische Höhenmeßnetz einbezogen worden, jedoch standen die Ergebnisse der Messungen bei den vorliegenden Untersuchungen noch nicht zur Verfügung.

Im Bericht von DETTE (1958a) über Erdeborn werden auch die Verhältnisse in der Ortslage Helfta kurz erwähnt mit der Bemerkung, daß dieses Gebiet in Bewegung sei. KAMMERER hat damals im Rahmen einer Schnellerkundung die Schiefstellung von Gebäuden mit einfachen Meßgeräten (Wasserwaage und Meterstab) ermittelt und auf Grund der Ergebnisse eine annähernd kreisförmige Senkungsfläche in Helfta-Süd abgegrenzt.

In der Ortslage Helfta sind seit längerer Zeit erdstoßartige Erschütterungen deutlich spürbar. Auf die Frage, ob diese durch Entspannung des Gebirges oder durch Einstürzen der Schlotten ausgelöst werden, soll hier nicht näher eingegangen werden. Es sei jedoch auf eine wenig zitierte Arbeit über das Kali- und Steinsalzvorkommen der Mansfelder Mulde aus dem Jahre 1906 aufmerksam gemacht. MAENICKE teilt darin die Erfahrungen mit, die beim Abteufen von Bohrungen und Schächten gemacht worden sind, und beschreibt auch die im Hermannsschacht südöstlich von Helfta über der Asche angetroffenen Hohlräume, die mit roten tonigen Schlottenschlämmen, jedoch nur teilweise, erfüllt waren (S. 31 und 61). Der Autor folgerte, daß sich das Ausgehende des Älteren Steinsalzes in der Nähe des Schachts befinden muß. Das Vorkommen solcher Hohlräume und Schlotten und ihren Zusammenbruch bringt MAENICKE (a. a. O.,-S. 77 bis 81) mit den dadurch entstehenden Erdsenkungen in Verbindung.

In diesem Zusammenhang sei noch auf eine Arbeit hingewiesen, in der REUTER (1962) anläßlich von Gebäudeschäden in Frankenhausen die durch Gipsauslaugung hervorgerufenen Senkungserscheinungen im Bereich der Südrandstörung des Kyffhäusers behandelt.

Neuere Untersuchungen der Senkungsschäden im Ort Helfta

Als die Arbeitsgruppe Ingenieurgeologie mit den Untersuchungsarbeiten begann, lagen ihr keine Ergebnisse von Höhenmessungen und keine Angaben über Art, Größe und Verbreitung der Senkungserscheinungen und Gebäudeschäden in der Ortslage Helfta vor. Die Aufgabe wurde so aufgefaßt, daß zwischen den zu

Zeitschrift für angewandte Geologie, Bd. 10 (1964), Heft 6

beobachtenden Bauschäden und ihren mutmaßlichen Ursachen Beziehungen gesucht werden sollten mit dem Ziel, die geologischen Bewegungsvorgänge zu erkennen und die Wahl der zu treffenden Maßnahmen zu erleichtern.

Zeichnerische Dokumentation des Bauzustands zum Erkennen der Bewegungsvorgänge

Zunächst sollten die Schäden durch Aufnahme des Bauzustands ermittelt werden. Es stellte sich jedoch heraus, daß eine ins einzelne gehende Erfassung aller Veränderungen und Schäden einen hohen, nicht tragbaren Aufwand erfordert hätte, da der Umfang und die Verbreitung der Gebäudedeformationen bereits weit fortgeschritten war. Dies gilt vor allem für den Versuch, den baulichen Zustand der Gebäude und ihre äußerlich erkennbaren Schäden zeichnerisch oder auch in Skizzenform festzuhalten. Bei den schwerer zugänglichen Gebäudeteilen, insbesondere den oberen Geschossen wird man sich mit einer Schätzung der Ausmaße begnügen, was jedoch nur bei unverputzten Wänden einigermaßen zutreffend möglich ist.

Besondere Schwierigkeiten bereitet das Aufmessen und Aufzeichnen der Rißbildungen. Gerade diese Schadenserscheinungen sind so vielgestaltig, daß ihre wirklichkeitsgetreue Wiedergabe gute zeichnerische Handfertigkeit voraussetzt (Abb. 1).

Die Aufnahme und Skizzierung der beobachteten Schäden ist sehr von subjektiven Faktoren abhängig. Auch Jahreszeit, Witterung und Beleuchtung haben wechselnden Einfluß auf die Erkennbarkeit der Deformationen und Rißbildungen an Gebäuden.

Eine Wiederholung von Aufnahmearbeiten kann im allgemeinen frühestens nach einem halben Jahr stattfinden. In einem solchen Zeitraum wird aber das äußere Bild vieler Bauwerke bereits durch künstliche Maßnahmen stark verändert, da laufend Instandsetzungen und Sicherungsarbeiten im Gange sind. Dadurch wird die Möglichkeit eines Vergleichs mit früheren Aufnahmen sehr beeinträchtigt. Dies trifft meistenteils gerade für solche Objekte zu, die starke Schäden aufweisen und bei denen daher eine Auswertung besonders wichtig wäre.

Eine sichere Deutung der Schäden in bezug auf die im Baugrund und tieferen Untergrund vor sich gegangenen Bewegungen ist schwierig und oft nicht möglich. Der Verlauf der äußerlich sichtbaren Risse läßt nicht in jedem Fall den Kräfteverlauf und den wirklichen Spannungszustand eindeutig erkennen. Dies gilt vor allem in Ortschaften mit Gebäuden von unterschiedlicher Bauweise und von verschiedenem Alter.

Um die örtlichen Aufnahmen und die zeichnerische Wiedergabe der Beobachtungen für eine Analyse der Veränderung der Erdoberfläche zweckmäßig auswerten zu können, ist es notwendig, die Aufzeichnungen durch quantitative Merkmale zu ergänzen. Hierzu eignet sich, außer einer laufenden nivellitischen Senkungsmessung, die nur in relativ seltenen Fällen vorliegt, die Ermittlung der Schiefstellungen, die die Bauwerke bei der Aufnahme gegenüber ihrer ursprünglichen Lage aufweisen. Die Zeichnungen oder Skizzen müssen also durch Eintragung der Neigung, die die Gebäude seit ihrem Bestehen vermutlich erfahren haben, ergänzt werden.

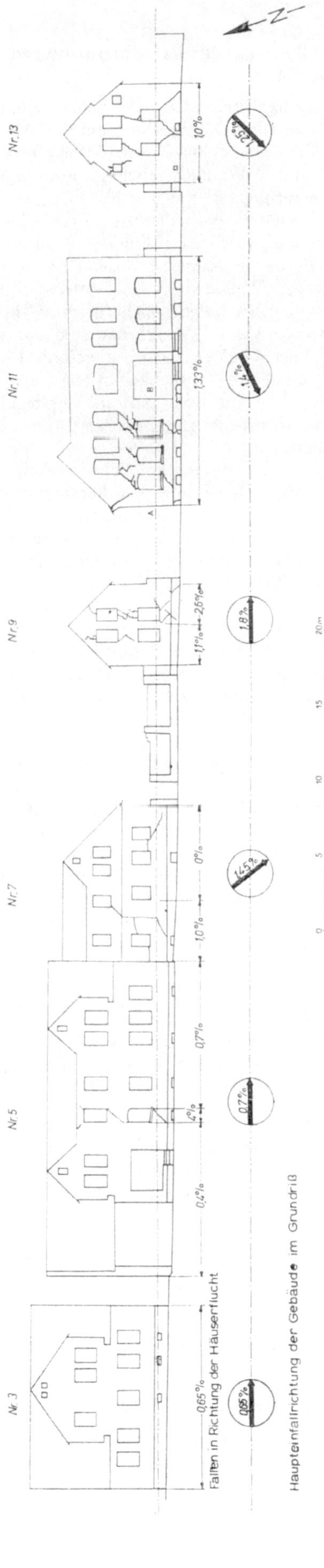

Abb. 1. Ortslage bei Eisleben, Bahnhofstr. Nr. 3—13

Nr. 5 — bruchartige Absenkung; Nr. 7 — Eindrückung der Hofwand und Zusammenschub des Tores; Nr. 9 — Kippung nach Osten; Nr. 11 — Kippung nach Westen

Behelfsmäßige Bestimmung der Schiefstellungen mit einfachen Meßgeräten

Das behelfsmäßige Ermitteln der Schiefstellungen kann auch für sich allein durchgeführt werden. Als Anhaltspunkte wählt man dabei Konstruktionselemente, von denen mit großer Wahrscheinlichkeit anzunehmen ist, daß sie ursprünglich waagerecht oder lotrecht waren. Hierzu gehören normalerweise Fensterbänke, Haus-, Fenster- und Türkanten. Für die Bestimmung der Lageveränderungen dieser Bauelemente werden einfache Meßgeräte (Wasserwaage und Metermaß) verwendet. Dieses Verfahren eignet sich für die Gebäude in sauberer konstruktiver Ausführung. Sobald eine höhere Genauigkeit der Meßergebnisse gefordert wird oder es sich um alte Baulichkeiten handelt, die wenig Ansatzpunkte für einwandfrei vergleichbare Messungen bieten, wird die Anwendbarkeit dieses Vorgehens zweifelhaft.

Dazu kommt noch eine weitere Schwierigkeit. Die im Schadensgebiet an den Bauwerken hervorgerufenen Deformationen können sehr unregelmäßiger Art sein. Das äußert sich zum Beispiel darin, daß die normalerweise senkrechten Kanten ein und desselben Gebäudes unterschiedliche Abweichungen erfahren können. Ursprünglich parallele Linien, wie Hausecken und Pfeilerkanten, weisen dann ganz verschiedene Abweichungen gegenüber der Lotrechten und damit auch untereinander auf. Ein solcher Fall liegt im Hause Bahnhofstraße Nr. 11 (Abb. 1 und 2) vor. Eine genaue Vermessung hat ergeben, daß das Gebäude, im ganzen gesehen, mit einer Neigung von 1,4% nach Westen einfällt. Die westliche Hausecke neigt sich jedoch beträchtlich stärker, nämlich mit 5,6% (auf die Senkrechte bezogen) nach Westen. Es kann also zu fehlerhaften Ergebnissen führen, wenn man aus den Kippneigungen einzelner Bauelemente, Ecken und Kanten die allgemeine Schiefstellung eines Gebäudes ermitteln will. Um ein zutreffendes Bild zu erhalten, müßten also an einem solchen Bauwerk viele Einzelheiten berücksichtigt und aufgenommen werden. Ein derartiges Vorgehen ist aber in einem umfangreichen Schadensgebiet zu aufwendig.

Verbessertes Verfahren zur Feststellung der Geländebewegungen durch Messen von einer horizontalen Hilfslinie aus

Auf Grund dieser Überlegungen und Erfahrungen wurde ein anderes Vorgehen versucht. Man geht dabei von einer an den Hauswänden markierten horizontalen Linie aus. Auf diese Hilfslinie werden alle Messungen

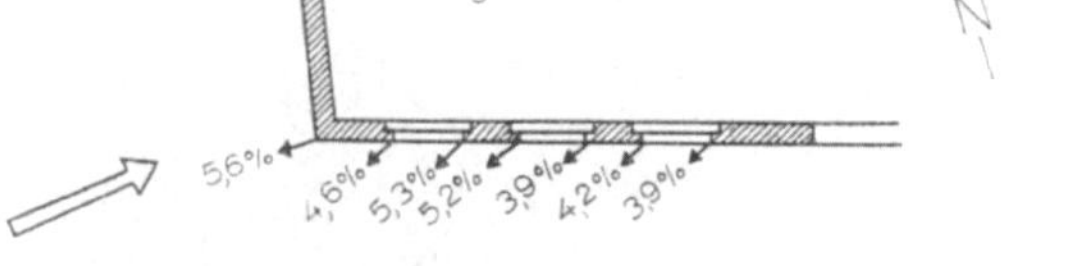

Abb. 2. Grundriß der Bahnhofstraße 11, Schnitt A—B

Im Kellergeschoß sind die Außenwände (unter Flur) in Richtung des großen Pfeils eingedrückt.
Die kleinen Pfeile mit den Zahlen geben das Kippen der Mauerwerksecken (Abweichen von der Senkrechten) an.

Abb. 3. Eindrückung der Kellerwand am Haus Nr. 7 (s. Abb. 1)

bezogen. In ähnlicher Weise war KAMMERER schon einmal in Erdeborn vorgegangen, indem er die Bewegungen einer horizontalen Linie an den beiden Fronten einer Straße kontrollierte. Untersuchungsobjekt in Helfta war die Häuserfront an der Nordseite der Bahnhofstraße. Hier machen sich die zerstörenden Kräfte der im Untergrund wirkenden Prozesse augenfällig bemerkbar, und für die Bewohner dieser Häuser werden die Erderschütterungen häufig stark spürbar.

Für die Aufnahme wurden einfache Meßgeräte benutzt. Die Abb. 1 zeigt das Ergebnis der Untersuchungen. Die horizontale Hilfslinie und das aus den Messungen errechnete Fallen in Richtung der Straßenflucht sind eingezeichnet. Die später ermittelten Haupteinfallrichtungen der Bauwerke wurden unterhalb der Skizze mit den Angaben des Fallens in Prozenten eingetragen.

Nachstehend seien die Ergebnisse der Beobachtungen und Messungen im einzelnen beschrieben. Sämtliche Häuser und Einfriedigungen sind einem starken horizontalen Schub ausgesetzt, der eine Stauchung und ein Zusammendrücken bewirkt.

An der Fassade des Hauses Nr. 5, etwa in der Mitte des Bauwerks, wird ein Bruch deutlich, der seine Fortsetzung in einem klaffenden Riß in einem Hofgebäude findet. An dieser Stelle ist der östliche Teil der Hauswand gegenüber dem westlichen um 4 cm abgesunken.

Das Haus Nr. 7 erleidet einen starken Erddruck aus Osten oder Südosten, was an einer starken Beschädigung der östlichen Hauswand, im Kellerbereich oberhalb des Geländeniveaus zu erkennen ist (Abb. 3). Der Eingang zum Grundstück (Hoftor) wird seit Jahren nach und nach zusammengedrückt.

Am Haus Nr. 9 sind eine Verbiegung des Sockels und eine allgemeine Neigung nach Osten zu erkennen.

Das Gebäude Nr. 11 wird in West—Ost-Richtung durch die oberen Erdschichten zangenförmig zusammengepreßt. Das äußert sich darin, daß die westliche, an der Straßenseite gelegene linke Hausecke einschließlich eines Teils der Giebelwand und einiger Pfeiler unterhalb des Geländeniveaus nach innen, also in den Kellerraum hinein, gedrückt worden ist. Der analoge Vorgang vollzieht sich an der entgegengesetzten Ostecke des Bauwerks. An der auf der Zeichnung nicht dargestellten Hofseite sind einige Pfeiler im Keller ebenfalls nach innen gedrückt worden. Die Kellerwand an

Zeitschrift für angewandte Geologie, Bd. 10 (1964), Heft 6

der östlichen (rechten) Giebelseite ist unterhalb der Pflasteroberkante in den Kellerraum nach Westen zu abgeschert worden.

Dieser Zusammendrückung des Bauwerks in den Grundmauern steht das Bersten des aufgehenden Mauerwerks gegenüber. Dieser Vorgang ist am östlichen Teil der Straßenfront zu beobachten (Abb. 4). Dies hat dazu geführt, daß das Kippen einzelner Bauwerkselemente größere Maße erreicht als das Gesamteinfallen des Gebäudes.

Die Stauchungserscheinungen finden ihre Fortsetzung vor dem Hause Nr. 11, wo das Pflaster an einigen Stellen emporgepreßt wurde.

Über Erscheinungen dieser Art ist jüngst auch durch Reuter (1964) berichtet worden.

Am Hause Nr. 13, das insgesamt gesehen mit 1,25% nach Westen fällt, hat sich die Vorderfront sehr stark nach der Straße zu geneigt.

Solche Untersuchungen, wie sie hier durchgeführt wurden, sind sehr aufwendig und müssen auf besonders markante Schadenstellen beschränkt bleiben.

Ergänzung des verbesserten Verfahrens durch zusätzliche Berücksichtigung der Kippkomponente quer zur Straßenfront

Durch behelfsmäßiges Messen wurden das Kippen der quer zur Straßenfront gelegenen Hauswände und daraus die Haupteinfallrichtung der einzelnen Gebäude ermittelt. Wie schon erwähnt, wurden die Ergebnisse unterhalb der Skizze (Abb. 1) durch Pfeile kenntlich gemacht.

Das Ergebnis der Untersuchungen und eine Einschätzung der angewendeten behelfsmäßigen Verfahren

Die Bahnhofstraße zwischen den Nr. 3 und 13 liegt im Gebiet einer verstärkten Absenkung. Da der Salzspiegelrand in der Nachbarschaft liegt, ist ein Zusammenhang zwischen den Schäden und der Auslaugung wahrscheinlich.

Es muß angenommen werden, daß die Zone stärkster Senkung oder ein Senkungszentrum im Bereich der Häuser 9 und 11 liegt, die sich immer mehr zueinander neigen. Dabei erleidet das Haus Nr. 11 eine fortschrei-

Abb. 4. Berstrisse am Haus Nr. 11 (s. Abb. 1)

Abb. 5. Eindrückung der Grundmauer an einem Gebäude

tende Deformation infolge Zusammenpressung durch die oberen Erdschichten.

Ähnliche Fälle liegen auch an Gebäuden südöstlich und nordwestlich dieser Stelle vor, so an der Scheune Winzerstraße 8, wo die Grundmauern in außerordentlichem Maße eingedrückt wurden (Abb. 5) und im Mauerwerk starke Schäden entstanden sind.

Die Erfahrungen haben ergeben, daß die angewendeten behelfsmäßigen Verfahren kein ausreichendes Bild von den Konturen der Absenkung und dem Verlauf der Bewegungsvorgänge vermitteln. Das Erkennen der Vorgänge durch zeichnerische Dokumentation des Bauzustands gelingt nur unvollständig und ist zu umständlich. Der Nutzen steht in keinem tragbaren Verhältnis zum Aufwand.

Das an zweiter Stelle genannte Verfahren, bei dem mit einfachen Meßgeräten (Wasserwaage und Meterstab) die Schiefstellungen ermittelt werden, ist mit dem Mangel großer Ungenauigkeit und der Gefahr irreführender Ergebnisse behaftet. Nur für eine Vororientierung und zur Planung genauerer Untersuchungen ist es angängig.

Das verbesserte Verfahren, das von einer horizontalen Hilfslinie ausgeht, ist zwar sehr anschaulich und macht die Vorgänge in gewissem Umfang deutlich, läßt sich aber nur auf relativ kleine Gebiete anwenden, da es sehr großen Aufwand an Zeit und Kosten erfordert. Bei diesem Verfahren sollten auf jeden Fall die quer zur Straßenfront auftretenden Kippneigungen mit erfaßt werden.

Es ergibt sich die Forderung, ein für die ingenieurgeologische Praxis gängiges Verfahren zu finden, das geeignet ist, die Senkungserscheinungen und Bewegungsvorgänge in Gebieten aktiver Auslaugung auch auf größeren Flächen bebauter Ortschaften zu erfassen. Wie dieses Problem gelöst wurde, wird in einer gesonderten Arbeit mitgeteilt werden.

Zusammenfassung

Ausgehend von früheren Untersuchungen und Begutachtungen, die für Zwecke des Bauwesens in auslaugungsgefährdeten Gebieten der Mansfelder Mulde, insbesondere für eine umfangreiche Bergmannssiedlung, durchgeführt worden sind, werden die dabei aufgetretenen ingenieurgeologischen Fragen zusammenfassend behandelt. Anschließend wird am Beispiel der in einem Gebiet aktiver Veränderlichkeit der Erdoberfläche gelegenen Ortschaft Helfta gezeigt, welche behelfsmäßigen Verfahren zur Erfassung der Schäden, Deformationen und Senkungserscheinungen in Frage kommen und welche Schwierigkeiten und Unzulänglichkeiten sich bei den Untersuchungen herausgestellt haben.

Die Weiterbehandlung der Probleme und die Lösung der Aufgabe, eine für größere Bebauungsflächen geeignete Methode zur Erforschung der genannten Erscheinungen zu entwickeln, werden in einem besonderen Aufsatz später dargelegt werden.

Резюме

Излагая прежние исследования и заключения по строительству, проведенные в областях выщелачивания соли и гипса в Мансфельдской мульде, особенно в одном большом селении горняков, автор описывает возникшие при этом инженерно-геологические вопросы. На примере селения Хельфта, расположенного в области активной изменчивости поверхности земли, автор показывает, какие можно применять вспомогательные методы для учета повреждений, деформаций и явлений оседания и какие трудности и недостатки проявились во время исследований.

В особой публикации будут рассматриваться вопросы дальнейшего изучения этих проблем и решения задачи разработки подходящего метода для исследования данных явлений в более обширных районах застройки.

Summary

Proceeding from earlier investigations and expert opinions taken on behalf of the building industry in areas exposed to leaching, and in a large miners' settlement in particular, a summary account is given of engineering-geological problems relative to the matter in the Mansfeld trough. Provisional methods to deal with damages, deformations and subsidences, as well as difficulties and insufficiencies found during the investigations are illustrated by the locality of Helfta situated in an area of active variability of the surface of the earth.

Further problems and the development of a method for the investigation of the phenomena described in major areas covered with buildings will be discussed in a special article.

Literatur

BACHMANN, G., E. v. HOYNINGEN-HUENE & F. REUTER: Über einige Erosionserscheinungen im Löß südlich von Wettin und bei Thaldorf. – Geologie, 12, H. 3, S. 340–348, Berlin 1963.

DETTE, K.: Bericht Erdeborn 1957 der Staatlichen Geologischen Kommission über Beobachtungen an Setzungserscheinungen in Erdeborn im Verlauf des Jahres 1957. – Unveröff., Archiv Staatl. Geol. Komm., Berlin, 29. 5. 1958 [1958a].

– Geologische Schlußfolgerungen und wirtschaftliche Bedeutung der in Erdeborn durchgeführten Untersuchungen. – Freiberger Forsch.-H., C 45, S. 40–44, Berlin 1958 [1958b].

FULDA, E.: Die Oberflächengestaltung in der Umgebung des Kyffhäusers als Folge der Auslaugung der Zechsteinsalze. – Z. prakt. Geol., 17, S. 25–28, Berlin 1909.

– Zechstein. – Berlin 1935.

FULDA, E., & P. HÜLSEMANN: Geologische Karte im Maßstab 1:25000, Blatt Eisleben. – Berlin 1929.

– Erläuterungen zur Geologischen Karte, Blatt Eisleben. – Berlin 1930.

HOYNINGEN-HUENE, E. v.: Ingenieurgeologisches Gutachten zur allgemeinen Beurteilung des Baugrundes im projektierten Siedlungsgelände zwischen Eisleben und Helfta. – Unveröff., Archiv VEB Geol. Erkundung West, Halle, 21. 7. 1952.

– Geologisches Gutachten über Senkungserscheinungen im Bereich des Senkungsgebietes der Mansfelder Seen. – Unveröff., Archiv VEB Geol. Erkundung West, Halle, 14. 8. 1953.

– Ingenieurgeologische Bedeutung von Auslaugungsschäden. – Z. angew. Geol., 3, H. 10, S. 474–476, Berlin 1957 [1957a].

– Ingenieurgeologisches Gutachten zum Perspektivplan für die Entwicklung des Gebietes um den Süßen See. – Unveröff., Archiv VEB Geol. Erkundung West, Halle, 21. 9. 1957 [1957b].

– Geologische Einführung in die Probleme der Senkungserscheinungen in Erdeborn. – Freiberger Forsch.-H., C 45, S. 9–10, Berlin 1958.

– Salztektonik und Auslaugung im Gebiet der Mansfelder Seen. – Freiberger Forsch.-H., C 56, Berlin 1959.

KAMMERER, F.: Neigungsmessungen in Erdeborn. – Freiberger Forsch.-H., C 45, S. 15–27, Berlin 1958.

– Ingenieurgeologische Methoden in Erdfall- und Senkungsgebieten. – Freiberger Forsch.-H., C 127, S. 49–109, Berlin 1962 [1962a].

– Bericht 1961 über Senkungen und Erdfälle im Raume Mansfelder Seen. – Unveröff., Archiv VEB Geol. Erkundung West, Halle, 30. 4. 1962 [1962b].

– Verschiedene Gutachten und Stellungnahmen für Bauvorhaben im Gebiet Eisleben–Helfta aus den Jahren 1954 bis 1961. – Unveröff., Archiv Staatl. Geol. Komm., Berlin.

MAENICKE: Das Kali- und Steinsalzvorkommen der Mansfelder Mulde in den Grubenfeldern der „Mansfeldschen Kupferschiefer bauenden Gewerkschaft" unter Berücksichtigung der übrigen Zechsteinablagerungen. – Unveröff., Archiv Staatl. Geol. Komm., Berlin, 2. 1. 1906.

MEISSER, O.: Ergebnisse von Setzungsmessungen. – Freiberger Forsch.-H., C 45, S. 10–12, Berlin 1958.

REUTER, F.: Gebäudeschäden durch „Untergrundsenkungen" in Bad Frankenhausen (Kyffhäuser). – Z. angew. Geol., 8, H. 3, S. 132–137, Berlin 1962.

– Geländesenkungen und Bauwerksschäden in Auslaugungsgebieten. – Z. angew. Geol., 10, H. 3, S. 143–147, Berlin 1964.

REUTER, F., & R. REUTER: Ingenieurgeologische Beurteilung und Klassifikation von Auslaugungserscheinungen. (Hinweise für das Bauen in auslaugungsgefährdeten Gebieten). – Freiberger Forsch.-H., C 127, S. 5–47, Berlin 1962.

SCHULZ, W.: Gliederung des Pleistozäns in der Umgebung von Halle (Saale). – Geologie, 11, Beih. 36, Berlin 1962.

THOMAS, A.: Bericht über die Ergebnisse von Beobachtungen und Messungen an den Auslaugungs- und Schadenserscheinungen in Helfta. – Unveröff., Archiv Staatl. Geol. Komm., Berlin, 1. 11. 1962.

Geologische Erkundung von Erdöl und Erdgas in Bulgarien[1]

P. MANDEV, Sofia

1. Geschichtliche Vorbemerkungen und Arbeitsverfahren

Die geologische Erkundung von Erdöl und Erdgas in Bulgarien ist etwa 25 Jahre alt. In der Zeitspanne von 1936 bis 1947 verliefen die Erkundungsarbeiten auf diesem Gebiet in recht unzureichender Weise. Sie entbehrten der tiefgründigen Vorbereitung. Auch fehlten noch die zuständigen Fachleute und Erdölgeologen. Die geophysikalischen Arbeiten wurden von Ausländern (vor allem Deutschen und Schweden) ausgeführt, während die Bohrarbeiter zufällig auf dieses Gebiet verschlagene Techniker ohne Fachbildung und praktische Schulung waren. Überhaupt fehlte dem höheren geologischen und technischen Personal die erforderliche Qualifikation. Kein Wunder, daß die Ergebnisse unbefriedigend ausfielen, zumal Bohranlagen für größere Teufen fehlten und die investierten Mittel für die Erdölforschungen völlig unzureichend waren.

Während der letzten 15 Jahre aber hat die Volksregierung Bulgariens die Voraussetzungen geschaffen, auf breiter Front geologische, geophysikalische und Bohrlochuntersuchungen anzustellen, um nach Erdöl- und Erdgasvorkommen im Land zu suchen. In der gleichen Periode wurden auch die ersten Fachleute auf dem Gebiet der Erdölforschung herangebildet. Ihre Ausbildung bekamen sie vor allem in der UdSSR und den anderen Ländern des sozialistischen Lagers. Der Bestand an Bohranlagen, der sich aus wenigen Geräten für 300–500 m Teufe und aus einem einzigen für 2000 m zusammensetzte, vermehrte sich beträchtlich durch die Anschaffung neuer moderner Anlagen für Tiefbohrungen, mit denen nach dem Rotary-Verfahren gearbeitet wird. Auch wurde ein eigener geophysikalischer Dienst ins Leben gerufen. Die für komplexe geologische, geophysikalische und verschiedene andere Untersuchungen und Erkundungsarbeiten erforderlichen Mittel sind zur Verfügung gestellt worden. Einstweilen sind allerdings die geochemischen Forschungsmethoden noch immer nicht hinreichend ausgebaut. Das Lumineszenzverfahren wird zur Zeit in die geologischen Forschungsarbeiten eingeführt.

Unter den geophysikalischen Suchmethoden finden seismische, gravimetrische und elektrische Meßverfahren und die Gasvermessung intensive Anwendung.

[1]) Eingang des Manuskripts in der Redaktion: 20. 1. 1964

In dieser kurzen Zeitspanne machten sich unsere Bohrtechniker das Tiefbohren (3000—4000 m) zu eigen und erreichten schon 4016 m.

Diese Erfolge verdanken die bulgarischen Spezialisten nicht allein ihrem Fleiß und ihrer Ausdauer, sondern vor allem der dankenswerten Mithilfe sowjetischer, auch rumänischer Fachleute, unter deren Leitung die Forschungsarbeiten und die Erdölbohrungen vor sich gingen.

Das Suchen nach Erdöl bzw. Erdgas in Bulgarien geht meist nach folgendem Schema vor sich: geologische und geophysikalische Vorarbeiten, orientierendes Tiefbohren, Strukturbohren und Erkundungsbohren. Wird letzteres von Erfolg gekrönt, so setzt die Umrißbestimmung der Lagerstätte ein, gefolgt von Produktionsbohrungen, dem Probe- und regelmäßigen Förderbetrieb.

2. Allgemeine geologische Charakteristik

Der Zentralbereich der Volksrepublik Bulgarien ist geologisch in das Gefüge der jungen Faltenbildung der Balkaniden einbezogen, die zum System der Alpen und des Himalajas gehören. Diese Faltenstränge scheiden geographisch mit ihrem höchsten Teil — bulgarisch Stara Planina genannt, sonst als Balkangebirge bekannt — Nord- und Südbulgarien voneinander. Von S nach N umfassen die Balkaniden die Gebirgszüge: Strandscha, Sredna Gora (Mittelgebirge) und Stara Planina (2376 m) mit dem nördlichen Balkanvorgebirge. In östlicher Richtung laufen die Balkaniden ins Schwarze Meer aus, während sie westwärts, südlich der Donau bei Widin, mit der Karpatenkette in Verbindung stehen. Nördlich verbindet sich das Balkangebirge durch den Vorbalkan mit der Mösischen Plattform, von uns Subplattform genannt.

Südlich der Balkaniden erhebt sich das Hochmassiv (2925 m) des Rila- bzw. Rhodopengebirges, das Südbulgarien umfaßt. Die sogenannte Thrazische Ebene verdankt ihre Entstehung radialen Dislokationen. Sie liegt zwischen den Balkaniden im Norden und dem Rila—Rhodopen-Massiv im Süden.

Die Verbindung der Gebirge Bulgariens mit dem östlichen Teil von Jugoslawien wird durch ein Lineamentgebiet hergestellt, das den Namen „Kraischte" (Anrain, Grenzmark) führt. Es handelt sich dabei um schmale, fast senkrechte Störungen (Gräben), die hauptsächlich von terrigenen tertiären Sedimenten und Vulkaniten ausgefüllt sind.

Die allgemeine Faltenrichtung in den Balkaniden verläuft äquatorial, mit Abweichungen nach SE—NW, während die der Kraischte NNW- bzw. SSE-Richtung aufweist (Abb. 1).

Als besonders höffig für Erdöl und Erdgas gelten vor allem die Stara Planina mit dem Vorbalkan und die ihnen anliegende Mösische Subplattform. In diesen morphotektonischen Einheiten gibt es die meisten Anzeichen für Erdölvorkommen, hauptsächlich im Zusammenhang mit mesokänozoischen Gesteinen. Gewisse Erdölanzeichen in Form von bituminösem Gestein und Asphalt gibt es im Bereich der Kraischte. Sie sind an alttertiäre Sedimente gebunden. In der Thrazischen Niederung und im Rila—Rhodopen-Gebiet gibt es gleichfalls solche Anzeichen, analog denen in den Kraischtezügen. Hier stehen sie im Zusammenhang mit paläogenen marinen und mit Festlandsablagerungen, in denen häufig auch Kohle vorkommt.

Derzeit ist die Aufmerksamkeit der bulgarischen Geologen und Geophysiker vor allem auf den Vorbalkan und auf die Mösische Subplattform gerichtet, weil hier

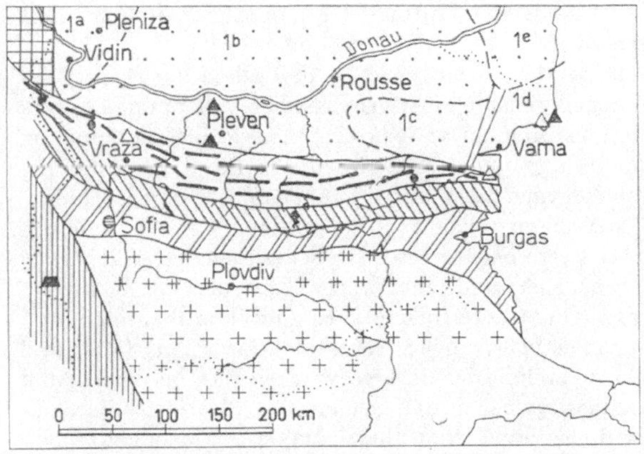

Abb. 1. Schematische morphotektonische Skizze von Bulgarien

1 — Mösische Plattform, 1a — Erhebung von Widin-Plena, 1b — Depression der Unteren Donau, 1c — Ludogorischer Horst. Nordbulgarische Erhebung, 1d — Warna-Senke, 1e — Dobrudscha-Erhebung, 2 — Südkarpaten, 3 — Vorbalkan (für die Vorgebirgssenkung der Unteren Kamtschija), 4 — Stara Planina (Balkan), 5 — Sredna Gora, 6 — Kraischte, 7 — Thrazische Niederung, 8 — Rhodopengebiet, 9 — Erdöllagerstätte, 10 — Erdgaslagerstätte, 11 — Erdölanzeichen, 12 — Gasanzeichen, 13 — Asphalt

die abgelagerten Gesteinsserien mächtige, gut abgedeckte Schichten bilden. Südlich des Balkans sind die Gesteine nahezu aller mesokänozoischer und paläozoischer Systeme vom Silur bis zum Alttertiär aufgeschlossen, während am Aufbau des Vorbalkans auch das Jungtertiär beteiligt ist.

Vorwiegend im Kern der Stara Planina kommen paläozoische Ablagerungen (Plutonite, Vulkanite und kristalline Schiefer) vor. Der höchste Teil des Balkans baut sich im W aus Gesteinen des Silurs, Devons, Karbons und Perms auf, im E aber vor allem aus solchen der Trias, des Juras, der Kreide und des Paläogens.

Ein charakteristisches Merkmal für den Bau der Stara Planina ist die hohe tektonische Beanspruchung, ausgeprägt in stark gefalteten und gegen N versetzten Einheiten. An diesen Stellen findet man sehr häufig Verwerfungen, Überschiebungen, Flexuren und Sattelbrüche.

Nördlich des Balkangebirges liegt der Vorbalkan. Er besteht aus fast normalen Falten, die nach N, zur Plattform hin, schwach vergent sind. Manche dieser Falten bilden recht lange, linear ausgezogene subparallele Antiklinalen. Im allgemeinen ist der tektonische Stil des Vorbalkans ein Mittelding zwischen dem der Stara Planina und der Plattform. Er baut sich in der Hauptsache aus Kreide und Jura, weniger aus Trias und Tertiär (Paläogen) auf. Die Fazies dieser Systeme ist der der Stara Planina nicht ganz analog. Während nach S zu, im eigentlichen Bereich der Stara Planina, die terrigene Fazies überwiegt, dominiert im Vorbalkan nach N zu die terrigen-karbonatische und auf der Plattform die karbonatische Fazies.

Nördlich der Stara Planina und des Vorbalkans erstreckt sich die weite Mösische Subplattform, die einen großen Teil Nordbulgariens und Südrumäniens, einschließlich der Dobrudscha, umfaßt. Sie ist im Grunde aus stark gefalteten paläozoischen Schichtenfolgen aufgebaut, die von mesokänozoischen Ablagerungen bedeckt sind. Die Faltung der paläozoischen Folgen ist herzyn.

Es sei darauf hingewiesen, daß schon vor Beginn des Mesozoikums die Plattform ziemlich vollständig konsolidiert war und nur an senkrechten Bewegungen teilnahm, die anfangs günstige Bedingungen für die Entstehung von kontinentalen und Lagunenablagerungen schufen, später aber den Einbruch epikontinentaler mesokänozoischer Meere begünstigten, wobei es mehr zur Ablagerung organogener und chemischer Gesteine als terrigener kam. Die Gesamtmächtigkeit der kontinentalen und Lagunenablagerungen schwankt zwischen 1500 und 2000 m und die der Becken zwischen 1000 bis 3000 m und darüber, wobei in den Senken der Plattform die Sedimente bis zum Tithon allein eine Gesamtmächtigkeit von 3500 m erreichen. Die Balkanplattform hat also während des alpinen tektonischen Zyklus vorwiegend eine langsame Absenkung erfahren. Um jene Zeit bildeten sich südlich der Plattform viele geosynklinale Becken. Eigentlich sind es Intrageosynklinalen, in denen sich mächtige marine Ablagerungen anhäufen, deren Mächtigkeit 4000—5000 m und darüber beträgt. Im Geosynklinalbereich beginnt die Faltung während der Kreide und im Tertiär, hauptsächlich aber im Paläogen. Zur gleichen Zeit reagiert die Balkansubplattform nur in Kippungen, wodurch hier monoklinale und Verwerfungsstrukturen entstanden. In Nordostbulgarien werden auch diapirische Strukturen im Bereich des Salzstocks von Prowadia angetroffen. Die größte positive Struktur ist hier eigentlich die nordbulgarische Erhebung oder der Horst von Ludogorie. Im Osten grenzt er an die Senke von Warna und im Westen an die Depression der Unteren Donau. Im äußersten Westen des Landes, wieder im Bereich der Plattform, gibt es noch eine bedeutende positive Struktureinheit, die Erhebung von Widin-Plena. Ein Teil von ihr und die Depression der Unteren Donau reichen über die bulgarisch-rumänische Donaugrenze hinaus und gehen in den Aufbau der Walachischen Niederung in der VR Rumänien über (s. Abb. 1).

Vom Standpunkt der Erdölgeologie sind die Ränder der erwähnten Depressionen mit ihren verdeckten Strukturen als perspektive Gebiete anzusprechen. Bis jetzt hat man in diesen Senken einige Lagerstätten von Erdgas bzw. Erdöl nachweisen können.

Auch in der tertiären Vorgebirgssenke am Unterlauf der Kamtschija mit ihren mehr als 2000 m mächtigen paläogenen Ablagerungen konnten bereits an zwei Stellen kleine Erdgasvorkommen nachgewiesen werden. Dieses Gebiet ist in bezug auf Erdöl und Erdgas ebenfalls interessant. Hier, inmitten der östlichsten Ausläufer und Verzweigungen der Stara Planina, erreichen die Bohrungen größere Teufen, geologisch gesprochen: Schichten der Kreide, des Juras und der Trias.

3. Die Senke von Warna

Die ersten Bohrungen auf der Suche nach Erdöl wurden nach gründlicher geologischer Vorarbeit in Bulgarien erstmals in der Warna-Senke von Erfolg gekrönt. Diese baut sich aus mesokänozoischen Ablagerungen auf. Hier entdeckte man 1951 die Erdöl- bzw. Erdgaslagerstätte bei Tülenowo. Sie liegt im nördlichen Teil der Senke, im Bereich der Seeküste der Südostdobrudscha, unweit der Landspitze Kaliakra.

Unseres Erachtens ist die Warna-Senke der westlichste Teil der großen Schwarzmeerdepression. Schon während der Oberen Kreide war ihre Anlage zu erkennen. Ihre Hauptausbildung aber ging im Paläogen vor sich. Im Neogen kam es zu einer beträchtlichen Einengung des Wasserbeckens in E- und N-Richtung. Im Pliozän und Quartär ist das Gebiet schon eine Landniederung.

Das Erdöllager von Tülenowo wurde in einer Teufe von 350—390 m entdeckt, in einer horizontalen Erhebung, die sich aus Kreideablagerungen aufbaut. Erdölführend sind die obersten Schichten der Unteren Kreide (Valendis), vertreten durch verkarstete, kavernöse und klüftige Kalksteine und Dolomite, diskordant von senonischen kreideähnlichen und tonigen, schwach durchlässigen Kalksteinen überdeckt, über denen Mergel des Eozäns und Tone des Oligozäns liegen. Die zuletzt erwähnten Ablagerungen spielen die Rolle eines überdeckenden abdichtenden Gesteins. Zuoberst kommen noch die Kalkablagerungen des Tortons vom Krim-Kaukasus-Typus (Tschokrak, Karagan, Konk) und des Sarmats, hauptsächlich in orogener Fazies (Abb. 2).

Nach Entdeckung des Erdöllagers bei Tülenowo trieb man die Bohrungen in immer größere Tiefen (bis zu etwa 3500 m) vor. Man hat rund 700 m vom Malm-Valendis-Karbonat-Komplex durchörtert, der in seinen obersten 30 bis 50 m gasführend ist. Nach unten folgen Dogger, Lias und obertriassische lagunär-kontinentale buntfarbige Komplexe von Konglomeraten, Sandsteinen, Aleurolithen und tonigem Kalk, während am oberen Ende dunkle Tone und Braunkohle den Abschluß bilden. In dieser buntfarbigen mächtigen Folge (1500 bis 2000 m) fehlen Fossilreste fast vollkommen. Darum läßt sie sich schwer stratigraphisch einordnen. Unter den obertriassischen Ablagerungen folgen etwa 400 m Kalke der mittleren Trias, Dolomite und Anhydrit, woran sich tiefer permotriassische Argillite, tuffig-klastische Gesteine, Melaphyre und Keratophyre anreihen. In dieser mehr als 3000 m starken Folge mesopaläozoischer Gesteine zeigen nur die der mittleren Trias gewisse Anzeichen für Erdöl, doch ist es bislang nicht gelungen, eine abbauwürdige Lagerstätte zu finden.

Der Horst von Tülenowo ist durch ein System submeridionaler und subäquatorialer Sattelbrüche stark kompliziert, welche die Struktur in etwa 30 Blöcke zerlegen. Mit den am höchsten gelegenen Blöcken hängt die erdöl- bzw. gasführende Lagerstätte im Valendis zusammen, während die tiefer gelegenen Blöcke verwässert sind. Über der produktiven Karbonatfolge der Unteren Kreide unter dem Oligozän gibt es auch eine kleine Gaslagerstätte, eingeschlossen in klastischen Speichergesteinen. Dieser ähnlich ist auch die später entdeckte bei Bulgarewo, westlich der Landspitze Kaliakra. Beide Gaslagerstätten bestehen aus trockenem Methan. Auch bei den Dörfern Krapetz und Blatnitza, nördlich von Tülenowo, hat man solche nachgewiesen. Die Erdöl- bzw. Gaslagerstätte von Tülenowo ist von massigem Typus, stratigraphisch und tektonisch abgeschirmt, durch zahlreiche Sattelbrüche kompliziert (Abb. 2). Diese Struktur selbst setzt sich ins Schwarze Meer hinaus fort. Unter dem Meer liegt der ganze östliche Teil der Lagerstätte; darum wird hier der Förderbetrieb mittels Schrägbohrungen fortgeführt.

Die Lagerstätte steht unter Randwasserdruck. Das Erdöl ist schwach mit Gas versetzt, aber die Gaskappe —

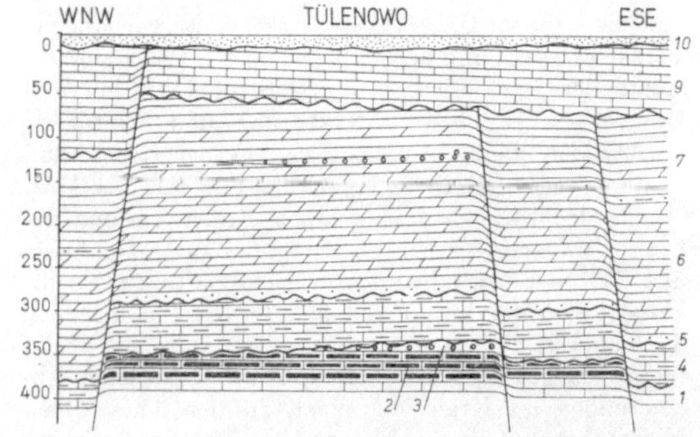

Abb. 2. Schematisches Profil durch die Erdöllagerstätte Tülenowo in der Dobrudscha

1 – Neokom- (Valendis-) Kalksteine und -Dolomite, 2 – Erdöllagerstätte (Valendis), 3 – Erdgas (Valendis), 4 – Senon-Dan-Kalksteine, 5 – Unter-Mittel-Eozän (sandig-tonige Kalksteine), 6 – Oberes Eozän (Mergel), 7 – Oligozän (Tone, Sandsteine und Mergel), 8 – Erdgas (Oligozän), 9 – Miozän–Torton (Tschokrak-, Karagan-, Konk- und Sarmat-Kalksteine), 10 – Quartär

wo sie erhalten geblieben ist — hat sich als nicht genügend wirksam erwiesen. Das Erdöl wird unter der Einwirkung des hydrostatischen Drucks gewonnen, der einen Spiegel von + 18 m hat. Von 1954 an wurden aus dieser Lagerstätte im Durchschnitt etwa 200000 t Erdöl gewonnen.

Das spezifische Gewicht des Erdöls ist 0,938; es gehört also zu den schweren Erdölsorten, bei einem ganz niedrigen Paraffingehalt von 1,2—1,8% und wenig Schwefel (0,32%). Bemerkenswert ist, daß das Erdöl von Tülenowo keine Benzin-Ligroin-Fraktion bis 180 °C enthält. Es besteht aus Pecharten, Ölen und wenigen schweren Kerosinfraktionen bis 300 °C (8—12%). Das sind eigentlich Kerosin- bzw. Gasölderivate mit einem initialen Siedepunkt von 238 °C. Der Festpunkt des Erdöls liegt bei — 24 °C. Aus dem Erdöl von Tülenowo gewinnt man: Dieselantriebsstoff, verschiedene Öle und etwa 48% Teer. Die Elementarzusammensetzung zeigt, daß das Dobrudscha-Erdöl 86,35% Kohlenstoff, 12,03% Wasserstoff, 0,32% Schwefel, 0,94% Sauerstoff und 0,36% Stickstoff enthält. Sein Heizwert beträgt etwa 10200 kcal.

4. Depression der Unteren Donau

Die Depression der Unteren Donau umfaßt den westlichen Teil der Donauebene und die Wallachische Niederung. Sie ist eigentlich eine große Senke im westlichen und zentralen Bereich der Mösischen Subplattform. Sie heißt so, weil sie nicht alle für eine Plattform typischen Merkmale aufweist. Wie schon hervorgehoben, besteht der Untergrund der Depression der Unteren Donau vorwiegend aus stark gefalteten und metamorphosierten paläozoischen Gesteinen. Die natürlichen Ausbisse der paläozoischen Folge in der Stara Planina und die Bohrungen in der VR Rumänien (bei Craiova, Optaş und Călăraş) lehren, daß das Fundament in der Hauptsache aus Ordoviz- bzw. Silur-Schiefern, aus Quarziten von devonischen diabasphyllitoiden Gesteinen, aus karbonischen terrigenen Kalksteinen, karbonischen Graniten, oberpermischen Vulkaniten und pyroklastischen Materialien besteht.

Nach dem Magmatismus des unteren Perms, im Zusammenhang mit großen vertikalen Bewegungen, wurden für die Ablagerung mächtiger mesokänozoischer Sedimente mit einer Mächtigkeit von 4000—5000 Metern günstige Bedingungen geschaffen. Sie sind auf die langsamen negativen Bewegungen von der Trias bis zum Ende des Tertiärs zurückzuführen. Während dieser langen Zeitspanne haben innerhalb der Depression die Senkungen die Hebungen überwogen. Unterbrechungen der Sedimentation und Erosion sind in ihren peripheren Bereichen und im Vorbalkan gegen Ende der Trias und zu Beginn des Lias, zwischen der unteren und der oberen Kreide und zwischen dieser und dem Tertiär festzustellen. In den tiefer gelegenen Teilen der Depression sind die Unterbrechung der Sedimentation und die Auswaschungen nur von beschränktem Umfang, vor allem nach dem Neokom.

Aus den Ergebnissen geophysikalischer Untersuchungen und einiger Tiefbohrungen innerhalb der Depression darf geschlossen werden, daß sie ihre tiefste Absenkung in Bulgarien hat. So befindet sich z. B. im Bereich der Erdöl- bzw. Erdgasstruktur von Dolni Dabnik das paläozoische Fundament in einem Niveau von etwa — 5000 m. Nachfolgend das Profil der erfolgreichen Bohrung, die zur Entdeckung dieser Lagerstätte führte:

0— 109 m	— hellgraue sandige Mergel (Eozän)
— 292 m	— zoogene und sandige Kalksteine (Dan—Senon)
—1398 m	— graue, kalkige Tone, Mergel, toniger Kalk, Mergel-Aleurolithe und Sandsteine (Alb—Apt)
—1777,5 m	— graue Mergel, sandige Mergel, kalkige Tone und sandig-tonige Kalksteine (Hauterive)
—2720 m	— hellgraue und weißliche Kalksteine und Dolomite (Valendis, Tithon, Kimmeridge und Oxford)
—2855 m	— dunkle Dogger-Aleurith-Argillite, toniger Kalk, Kalksteine und Anhydrit (Dogger)
—3087 m	dunkelgraue ungleichmäßig sandige Kalksteine, sandige Mergel und Argillite, mit Anhydrit durchsetzt (Lias)
—4016 m	— Dolomitkalk, Kalksteine, hellgraue Dolomite (obere Trias); graue ölführende Dolomite, spärlich Dolomitkalk, Anhydrite und Argillite (mittlere Trias); von 4000 bis 4016 m braunrötliche und dunkelgraue Argillite und Anhydrite (Röt)

Nach vorläufigen Angaben liegt der erdölführende Horizont der Struktur von Dolni Dabnik, Kreis Plewen, im Intervall von 3300 bis 3450 m. Derzeit ist man dabei, einige Tiefbohrungen (Rotary) zu beenden, um die Erdöllagerstätte in kürzester Zeit in ihren Umrissen festzulegen; auch der Typus der Lagerstätte soll genau erfaßt werden. Es wird angenommen, daß es sich um einen massiven Typus handelt. Die Lagerstätte wurde 1962 erschlossen. Das Erdöl ist leicht, paraffinbasisch, von einem spezifischen Gewicht von 0,814 g/cm³. Es enthält 8% feste Paraffine. Sein Schwefelgehalt ist niedrig (0,12%). Der Gehalt an Benzin-Kerosin ist recht beträchtlich: Benzin 33%, Gasöl 37%, Masut 30%. Das Erdgas, das zusammen mit dem Erdöl auftritt, hat folgende Zusammensetzung: Methan 44,6%, Äthan 24%, Propan 14,5%, Butan 9,1%, Pentan 3,4%, Stickstoff 4,4%.

Noch vor der Entdeckung der Lagerstätte von Dolni Dabnik hatte man 1961 beim Dorf Gigen, unweit der Donau, 35 km nördlich der Stadt Plewen, in der Depression der Unteren Donau, eine andere Erdöllagerstätte nachgewiesen. Leider ist ihre Ausbeute schwierig, weil das Öl eine hohe Viskosität aufweist mit einem spezifischen Gewicht von 0,9816. Es wurde in Dolomiten der Unteren Kreide (Valendis) nachgewiesen. Die Bohrung hat hier folgendes Profil erbracht:

Von 0— 37 m — neogene Kalksteine (Torton)
—108 m — paläogene Mergel
—362 m — senonische Kalksteine (Maastricht)
—958 m — graue Aleurith-Mergel, in einzelnen Horizonten sandig (Alb—Apt). In einer Tiefe von 853—865 m gibt es schwache Gasanzeichen, gebunden an den Sandsteinhorizont
—966 m — graue Dolomite, stark rissig und kavernös, die ein sehr dickflüssiges Erdöl enthalten (Valendis)

Der erdölführende Horizont ist etwa 25 m mächtig. Das Erdöl ist von schwarzer Farbe, pechartig, fließt langsam, zäh wie ein Teig. Es ist vom Typus der sehr schweren Erdölsorten, schwer beweglich, nach Art der Pech-Asphalt-Typen. Der Festpunkt liegt bei 4°C. Die Gruppenzusammensetzung desselben ergibt 65% Öle, 30% Pecharten und 5% Asphaltene. Der Schwefelgehalt beträgt 0,75%. Dieses Erdöl enthält keine Benzin-Kerosin-Fraktionen. Initialsiedepunkt 270°C.

Ende Sommer 1963 entdeckte man im Nordwesten des Landes, etwa 15 km nördlich der Stadt Wratza, im Bereich der Antiklinale von Mramoren, die erste bedeutendere Erdgaslagerstätte. Es wird vermutet, daß sie bei einer Teufe von 1975—2040 m ebenfalls in triassischen Schichten liegt (obere bis mittlere Trias — Dolomit und Kalk). Die Zusammensetzung des Gases ist folgende: Methan 90,6, Äthan 2,4%, Propan 0,5%, Butan 0,3%, Pentan 0,2% und Stickstoff 6%. Sein spezifisches Gewicht ist 0,6; der obere Heizwert dieses Gases beträgt 9100 kcal/m³.

Die Anfangsproduktion beträgt etwa 1000000 m³ in 24 Stunden bei einem maximalen Kopfdruck von 170 Atmosphären.

Abschließend darf hervorgehoben werden, daß einstweilen das erdölhöffigste Gebiet die Depression der Unteren Donau nebst den ihr anliegenden Gebieten mesozoischen Aufbaus ist.

Auch die Warna-Senke mit ihren mesokänozoischen Schichten und die nördlichen Teile des Vorbalkans bzw. die Übergangsstellen zur Mösischen Subplattform lassen Erdöl- und Erdgaslagerstätten erwarten, so insbesondere die im Unterlauf der Kamtschija vorhandene Vorgebirgssenke und nach Süden zu die östlichsten Ausläufer der Stara Planina, die Berge bei Preslav und Dragoewo, vor allem die östlichen und westlichen Periklinalen dieser Auffaltungen. Ferner sind erdöl- bzw. erdgashöffig die mesozoischen Systeme der Antiklinale von Tirnowo und westlich davon, entlang der Linie Lowetsch—Tscherwen Brjag, bis zum geschlossenen Teil der Antiklinale von Belogradtschik (Antiklinale von Mramoren) und alle Falten, die nördlich davon liegen.

Als weniger aussichtsreich sind die paläogenen Ablagerungen im Kraischte-Gebiet, in der Thrazischen Niederung und im Bezirk von Burgas anzusprechen. Die paläogenen Ablagerungen der Warna-Senke sind in gewissem Sinne für Erdgas als perspektivisch, auch in den westlichen Bereichen des Schwarzen Meeres, anzusprechen.

Zusammenfassung

Verfasser gibt einen Überblick über die Entwicklung der Such- und Erkundungsarbeiten auf Erdöl und Erdgas in der VR Bulgarien und schließt seine Ausführungen mit Hinweisen auf die Perspektiven verschiedener Gebiete dieses Landes für die genannten Rohstoffe.

Резюме

Автор дает обзор о развитии поисково-разведочных работ на нефть и газ в Народной Республике Болгарии и заканчивает свои изложения указаниями о перспективности различных областей этой страны на названные полезные ископаемые.

Summary

The author reviews the development of prospecting and exploration for petroleum and natural gas in the People's Republic of Bulgaria and describes the prospects offered by different regions for these raw materials.

Literatur

BONTSCHEV, E.: Geologie von Bulgarien. — Bd. 1 u. 2, Nauka i Izkustvo, Sofia 1955 (bulg.).

JOVTSCHEV, J., & N. BALUCHOVSKI: Die Depression der Unteren Donau. — Minno Delo, XIV, H. 6, Sofia 1959 (bulg.).

— Nutzbare Bodenschätze von Bulgarien. — Erdöl und Erdgas, Verlag Technika, Sofia 1961.

MANDEV, P.: Erdöl- bzw. gasführende Anzeichen in der Synklinale von Salasch und der Antiklinale von Belogradtschik, eines Teils von Nordwestbulgarien. — Jb. der Univ. Sofia, 54, H. 2, Geologie 1961.

Bergwirtschaft und Lagerstättenverhältnisse Burmas[1)]

HERBERT REH, Jena

(Mitteilung aus dem VEB Geologische Erkundung West, Betriebsabteilung Jena)

Entwicklung der Bergwirtschaft Burmas

Obwohl die Landwirtschaft der Hauptzweig der Wirtschaft Burmas ist, wobei Reis bei weitem die Hauptrolle spielt, hat sich auch die Bergbauproduktion bemerkenswert entwickelt, wie aus den folgenden Daten zu entnehmen ist:

Wert der Bergbauproduktion	1915	30,7 Mill. Rupien
	1916	32,8 „ „
	1929	107,0 „ „
	1935	90,0 „ „

1935 entfielen rund 40% des Produktionswerts des Verwaltungsbereichs Britisch-Indien und Burma auf Burma. Von den burmesischen Bergbauprodukten stand Erdöl mit 50% des Wertes bei weitem an der Spitze, dann folgten Blei- und Zinkerze mit 20%, Silber mit 11% und Zinkkonzentrate mit 8%. Schließlich waren noch Wolfram- und Kupfererze sowie Edelsteine von wirtschaftlicher Bedeutung.

Im Rechnungsjahr 1939/40 war die Gesamtausfuhr Burmas auf 550,5 Mill. Rupien angestiegen, wovon die mineralischen Rohstoffe etwa 20%, d. h. 110 Mill. Rupien, ausmachten. Die Produktionshöhe der Jahre 1937—1939 konnte allerdings nach dem zweiten Weltkrieg bei weitem noch nicht wieder erreicht werden. Neueingerichtet wurde bei Rangun ein

1) Eingang des Manuskripts in der Redaktion: 14. 1. 1964

Hüttenwerk mit einer geplanten Jahresproduktion von 20000 t Stahl, zunächst auf Schrottbasis.

Die Produktionsdaten für das Jahr 1956, nach J. Jungwirth (1959), sind folgende:

1956	Mengen	Wert der Produktion 1000 Kyats
Erdöl	225000 t	22390
Bleierzkonzentrat (65% Pb)	29000 t	24138
Zinkerzkonzentrat	14100 t	4867
Zinn-Wolfram-Erzkonzentrat	1980 t	19444
Wolframerzkonzentrat	561 t	5920
Zinnerzkonzentrat	557 t	3789
Manganerze	1130 t	160
Eisenerze	3490 t	?
Rubin	21066 Karat	1634
Saphir	3550 Karat	122
Spinell	3700 Karat	31
Jade	47,7 t	?
Bernstein	2030 kg	40

100 Kyats = rd. 88 DM der Deutschen Notenbank

Daraus ist zu ersehen, daß das Erdöl seine früher überragende Bedeutung unter den ausgebeuteten Rohstoffen des Landes noch nicht wieder erreicht hat. Mit einer Förderung von 581000 t im Jahr 1962 ist jedoch ein allmählicher Wiederanstieg der Förderung zu erkennen. Die gleiche Tendenz ergibt sich für Bleierzkonzentrat mit 40000 t und Zinkerzkonzentrat mit 22240 t im Geschäftsjahr 1959/60. Auch bei Zinkerzkonzentrat hält die Zunahme auf 1008 t im Jahre 1960 an, während infolge des katastrophal niedrigen Wolframkurses die Produktion im gleichen Jahr auf 1078 t bei Zinn-Wolfram-Erzkonzentrat und auf 343 t bei Wolframerzkonzentrat zurückgefallen ist.

Überblick über die geologischen Verhältnisse

Burma liegt auf der Westseite der Halbinsel Hinterindien, die im Westteil durch den Burma-Bogen der Bergketten gekennzeichnet ist. Diese ziehen vom Ostende des Himalaja in einem nach E offenen Bogen nach S und schwenken nordwestlich Rangun wieder in die S- und SSW-Richtung ein, um schließlich in einem zweiten nach E offenen Bogen über die Andamanen und Nikobaren bis nach Sumatra, Java und die anschließenden Inseln Indonesiens zu verlaufen. Östlich dieser vielfach in westlicher Richtung überschobenen, aus Kreide und Alttertiär mit granitischen und ultrabasischen Intrusiven aufgebauten Faltenketten liegt eine tief eingesenkte, mit mäßig gefaltetem Tertiär gefüllte Vortiefe, der „zentrale Tertiärgürtel". Sie wird auf beiden Seiten von Aufbruchzonen junger Vulkanite begleitet.

Zum Südostasiatischen Schild gehören die östlich anschließenden Gebiete des Schan-Plateaus und der Malaiischen Halbinsel. Der aus präkambrischen, paläozoischen und mesozoischen Gesteinen aufgebaute Schild ist mit N—S gestreckten Intrusionszonen präkambrischer und jüngerer Granite durchsetzt, die metallogenetisch von besonderer Bedeutung sind. So treten in archaischen und algonkischen Schichten in Beziehung zu wahrscheinlich kambrischen Graniten Lagerstätten von Blei–Zink–Silber, Kupfer und Edelsteinen auf. Mit jüngeren Graniten von jungmesozoisch-tertiärem Alter hängen die verbreiteten Vorkommen von Zinn- und Wolframerzen sowie von Antimonerzen zusammen.

Die wichtigsten Erdöl- und Erdgaslagerstätten Burmas treten im zentralen Tertiärgürtel auf. Lediglich die kleinen Lagerstätten Akyab und Kyaukpyu sind in einer Außensenke westlich der Arakan-Yoma-Ketten gelegen.

Übersicht über die Lagerstätten mineralischer Rohstoffe in Burma

Erdöl

Der wichtigste mineralische Rohstoff Burmas ist das Erdöl. Seine Gewinnung ist schon sehr alt; denn es wird berichtet, daß die Burmanen im 13. Jahrh. in Brunnen eine

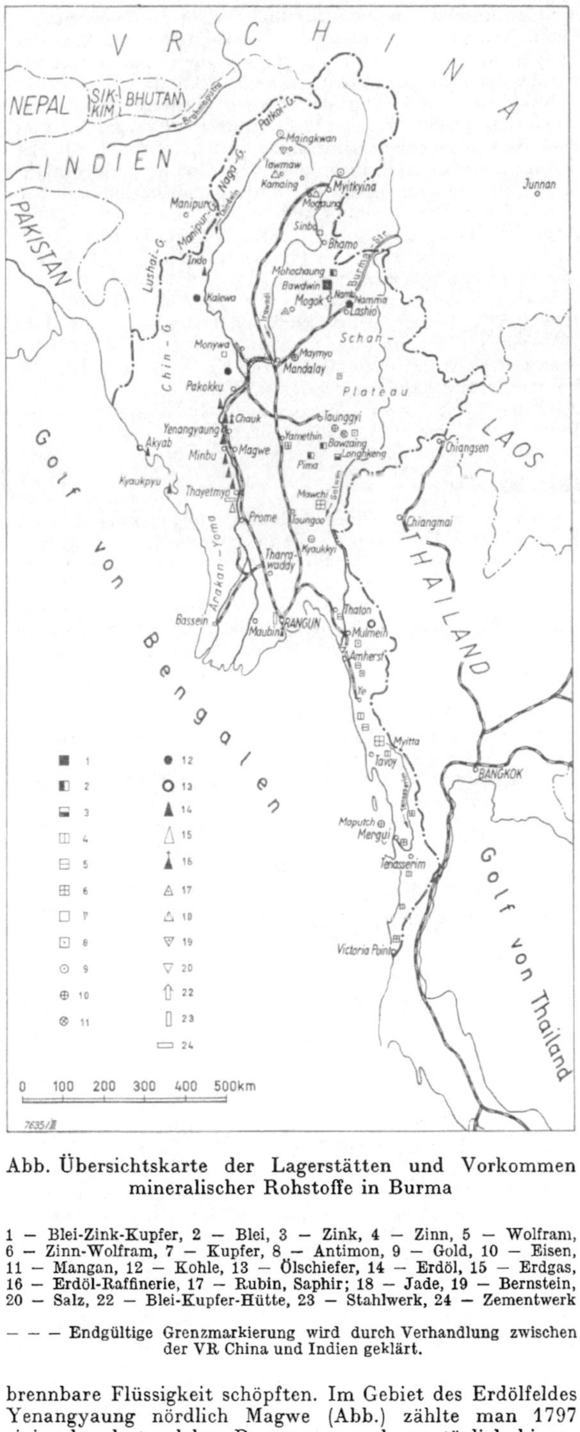

Abb. Übersichtskarte der Lagerstätten und Vorkommen mineralischer Rohstoffe in Burma

1 — Blei-Zink-Kupfer, 2 — Blei, 3 — Zink, 4 — Zinn, 5 — Wolfram, 6 — Zinn-Wolfram, 7 — Kupfer, 8 — Antimon, 9 — Gold, 10 — Eisen, 11 — Mangan, 12 — Kohle, 13 — Ölschiefer, 14 — Erdöl, 15 — Erdgas, 16 — Erdöl-Raffinerie, 17 — Rubin, Saphir; 18 — Jade, 19 — Bernstein, 20 — Salz, 22 — Blei-Kupfer-Hütte, 23 — Stahlwerk, 24 — Zementwerk

— — — Endgültige Grenzmarkierung wird durch Verhandlung zwischen der VR China und Indien geklärt.

brennbare Flüssigkeit schöpften. Im Gebiet des Erdölfeldes Yenangyaung nördlich Magwe (Abb.) zählte man 1797 einige hundert solcher Brunnen, aus denen täglich bis zu 50 t Erdöl von Hand gewonnen wurden. 1885 wurden bereits 10000 t Erdöl gefördert und 1888 bis 1962 wurde eine Gesamtproduktion von 41,5 Mill. t erreicht.

Das Erdöl kommt in Sandsteinen der Pegu-Serie (Oligozän bis Mittelmiozän) vor, die in Schiefertonen eingelagert sind. Die in in N—S-Richtung verlaufende Antiklinalen eingeschalteten Speicherhorizonte von 3—15 m Mächtigkeit werden in Teufen von 100 bis 2000 m durch Bohrungen erschlossen.

Das Rohöl ist ein Paraffinöl von hoher Qualität und ergibt Benzin, Petroleum, Dieselkraftstoff und Paraffin.

Die bedeutendste Lagerstätte ist Yenangyaung (Abb.), wo mit 4500 Bohrungen die Vorräte einer 15 km langen, bis zu 3,5 km breiten Antiklinale ausgebeutet werden. Auf einer nördlich anschließenden Antiklinale liegen die Lagerstätten Chauk, Lanywa-Singu und Yenangyat. Erdgas wird aus der Pyaye-Antiklinale südlich Thayetmyo gewonnen und in Betrieben der Zementindustrie verwertet (Abb.).

Nach der Zerstörung der Erdölgewinnungs- und Verarbeitungsanlagen im Jahr 1942 wurde 1948 versucht, unter besonders schwierigen Umständen zunächst die Raffinerie Chauk wieder in Gang zu bringen. 1957 konnte die Raffinerie Sirian bei Rangun wieder in Betrieb gehen, die mit den Erdölfeldern Chauk und Yenangyaung durch eine 525 km lange Erdölleitung verbunden ist. 1962 wurde eine Erdölförderung von 581000 t erreicht, während 1939 bereits 1087000 t erzeugt worden waren.

Während der Anteil Burmas an der Welterdölförderung 1939 0,37% betrug, wurde nach einem Tiefstand im Jahr 1949 von 0,011% im Jahr 1962 erst ein Anteil von 0,05% wieder erreicht. Damit nimmt Burma unter den Ländern des Fernen Ostens gegenwärtig den 6. Platz ein, während es mit 5,4 Mill. t erkundeter Vorräte nach Indonesien, Borneo, Indien und China an 5. Stelle steht.

Blei, Zink, Silber

An zweiter Stelle in der Bedeutung folgen zweifellos die Blei-Zink-Silber-Erze, die vor allem der Bawdwin-Grube (burmesisch baw = Silber und dwin = Grube) in NE-Mandalay (Abb.) entstammen. Aus dieser Grube bezogen bereits die Herrscher der chinesischen Ming-Dynastie (1368—1644) Silber, und man schätzt, daß bis zur Einstellung des alten Bergbaus im Jahre 1868 etwa 1 Mill. t Erz gefördert worden sind. Nach der Wiederentdeckung der Grube im Jahre 1900 wurden zunächst die riesigen Schlackenhalden mit 45—50% Pb und etwa 50 g/t Ag ausgebeutet, erst 1908 begann die Burma Corp. Ltd. mit dem bergmännischen Wiederaufschluß.

Die Lagerstätte ist an eine 2,4 km lange tektonische Zerrüttungszone gebunden, in der mehrere etwa N—S streichende, linsenförmig gangartige Erzkörper auftreten. Diese mehrere Meter mächtigen, im wichtigsten, dem Chinaman Lode, sogar bis 45 m erreichenden Verdrängungskörper sind im allgemeinen mit silberhaltigen Blei–Zink-Erzen ausgefüllt, die sich stellenweise auch durch das Überwiegen von Kupfererzen oder durch eine beachtliche Nickel- und Kobaltführung auszeichnen.

1939 hatte das Fördererz folgende mittlere Zusammensetzung:

21,2% Pb	0,055% Ag	0,052% Bi
15,9% Zn	0,24% Ni	31,3% SiO_2
0,29% Cu	0,075% Co	

In diesem Jahr wurden 485000 t gefördert, und die Gesamtförderung der Burma Corp. von 1920 bis 1939 erreichte rund 7 Mill. t.

Die Verarbeitung der Bawdwin-Erze erfolgt in einer Aufbereitung und einer Blei-Kupfer-Hütte in Namtu. Die erzeugten Produkte, Rohblei, Antimonblei, Kupferstein und Nickel-Kobalt-Speise sowie Zinkkonzentrat mit 56—58% Zn werden größtenteils exportiert. Sie waren vor dem zweiten Weltkrieg von größter Bedeutung und machten bei Bleierz 5%, bei Zinkerz 2% und bei Silber 2,5% der Welterzeugung aus. Die Nickel-Kobalt-Speise wurde in Deutschland verarbeitet.

Nach Beseitigung der Zerstörungen des zweiten Weltkrieges in den Werksanlagen konnte die Produktion trotz großer Schwierigkeiten im Jahr 1954 wieder aufgenommen werden.

Sie entwickelte sich zunächst befriedigend und erreichte in den Geschäftsjahren 1956/57, 1958/59 und 1959/60:

		Geschäftsjahre		
		1956/57	1958/59	1959/60
Rohblei	t	13900	25000	26000
Zinkkonzentrat (56—58% Zn)	t	14900	17900	22240
Silber	t	38	61,3	53,7
Kupfermatte (40—43% Cu)	t	369	314	372
Nickel-Kobalt-Speise (32% Ni, 6,7% Co)	t	298	1410	419

Da die hochwertigen Erze der Bawdwin-Grube größtenteils abgebaut worden sind und auf den tiefsten Sohlen bereits ein allmähliches Auskeilen der Erzkörper festgestellt wurde, mußte man zur Verlängerung der Lebensdauer der Grube auch „ärmere" Erze mit abbauen. So wurden nach J. JUNGWIRTH (1959) im Geschäftsjahr 1956/57 118000 t mit 16% Pb, 11% Zn und 425 g/t Ag gefördert, während der „sichere" und „wahrscheinliche" Erzvorrat am 1. Juli 1957 noch mit 2,36 Mill. t mit 20,6% Pb, 12,7% Zn, 0,93% Cu und 490 g/t Ag berechnet worden war.

Eine von der UNO zur Rekonstruktion des Abbaus auf der Bawdwin-Grube angeforderte Expertengruppe stellte fest, daß Burma über abbauwürdige Blei-Zink-Erzvorräte von etwa 5 Mill. t verfügt, die teils noch in den Randpartien der Erzkörper der Bawdwin-Grube, teils aber auch in besonderen Erzlagerstätten, wie Mohochaung, 40 km NE Bawdwin, Kalaw in Mittelburma, Bawzaing und Mount Pima sowie Longhkeng in den südlichen Schanstaaten (Abb.) enthalten sind.

Zinn, Wolfram

Weiterhin sind in Burma Lagerstätten von Zinn- und Wolframerzen von großer Bedeutung. In Zeiten hoher Wolframpreise hat der Herstellungswert der Wolframerze den der Blei-Zink-Silber-Erze bei weitem übertroffen. Die Zinn- und Wolframerze kommen auf Ganglagerstätten und eluvialen Seifen größtenteils gemeinsam vor, dagegen führen die alluvialen und marinen Seifen nur das abriebfeste Zinnerz.

Die Lagerstätten von Zinn- und Wolframerzen sind an eine S bis SSE streichende Aufbruchzone junger Granite gebunden, die sich von den südlichen Schanstaaten durch die Karennistaaten an der Grenze zu Thailand auf etwa 2000 km Länge in südlicher Richtung bis nach Malaya verfolgen läßt (Abb.). Die primären Lagerstätten stellen Gange und Stockwerkslagerstätten an den Rändern der Granitintrusionen, entweder noch im Granit oder in den angrenzenden metamorphen Schiefern dar (Greisen und Zwitter). In einem ferneren Bereich treten vor allem im Mulmein- und Amherst-Gebiet sowie im SE und N von Taunggyi zahlreiche Antimonerzlagerstätten auf, die bei günstigen Antimonpreisen Beachtung verdienen.

Die verbreitetsten Erzmineralien der Zinn-Wolfram-Lagerstätten sind in wechselnden Mengen Zinnstein und Wolframit. Der Wolframit ist zumeist ein dem Manganwolframit Hübnerit nahestehendes Glied. Selten ist auch Scheelit festgestellt worden. An Sulfiden sind Kupfer-Eisen-Sulfide häufig, ferner kommen Arsenkies, Pyrit, Molybdänglanz, Bleiglanz, Wismutglanz, Zinkblende und Magnetkies vor. Weitere charakteristische Begleiter sind Turmalin, Beryll und Flußspat.

Vor dem zweiten Weltkrieg lieferten die beiden wichtigsten Zinn- und Wolframreviere, die Mawchi-Grube in den Karennistaaten, östlich Toungoo, und der Distrikt von Tavoy in Südburma (Abb.), über 90% der Wolframerzproduktion. Geringere Zinn- und Wolframproduktionen kamen aus den Revieren von Yamethin, Amherst-Thaton und Mergui (Abb.).

Die Zinn- und Wolframerze werden in Mischkonzentraten mit 60% WO_3 und in Zinnkonzentraten mit 45—70% Sn ausgebracht.

Die Produktionszahlen der letzten Jahre, nach J. JUNGWIRTH (1959) und „Annual Review", spiegeln für 1961 und 1962 eine aus verschiedenen Gründen widersprüchliche Entwicklung wider:

		1939	1956	1958/59	1959	1960
Zinn-Wolfram-Konzentrat	t	5490	1980	1770	1282	1078
Zinnerzkonzentrat	t	5350	557	844	1035	1008
Wolframerzkonzentrat	t	4260	561		436	343

Von den 1958 auf etwa 5 Mill. t mit 1,5% WO_3 veranschlagten Wolframerzvorräten Burmas ist ein wesentlicher Teil in den Erzreserven der bedeutenden Mawchi-Grube enthalten, die 1957 mit 616000 t mit etwa 1,25% Sn und 1,25% WO_3 genannt wurden.

Zeitschrift für angewandte Geologie, Bd. 10 (1964), Heft 6

Kupfer

Eigentliche Kupfererzlagerstätten sind in Burma bisher noch nicht ausgebeutet worden. Lediglich bei der Gewinnung der Blei-Zink-Silber-Erze der Bawdwin-Grube fielen stellenweise kupferreichere Erze an, die auf eine Kupfermatte mit 40—43% Cu, 26—29% Pb und etwa 2200 g/t Ag verschmolzen wurden. Im Jahre 1960 wurden 352 t dieser Kupfermatte erzeugt.

Seit 1957 wurden in Monywa im Unterchindwindistrikt und in Sinbo bei Bhamo Kupferlagerstätten durch Bohrungen untersucht (Abb.). Nach Mitteilung des Burma Geological Department wurden in Monywa 480 Mill. t mit 0,5—1% Cu erkundet.

Eisen

Eisenerze sind bisher in Burma nur in beschränktem Maß bei Maymyo für den Bedarf der Blei-Kupfer-Hütte in Namtu gewonnen worden. Nachdem jedoch in Insein bei Rangun ein Stahlwerk errichtet worden ist, das zunächst auf Schrottbasis betrieben wird, besteht der Plan für die Erzeugung von 200000 t Roheisen jährlich aus einheimischen Erzen. Die in Burma bekannten Eisenerze sind teilweise lateritische Oberflächenbildungen, teilweise handelt es sich aber auch um hochwertige Hämatiterze. Außer den bekannten Lagerstätten Maymyo, Taunggyi und Pangbet sowie Maputch im NW von Mergui wurden 1956 noch bei Kyaukkyi, 225 km NNE Rangun (Abb.), bedeutende Eisenerzlagerstätten aufgefunden, die gegebenenfalls für die Versorgung von Insein in Frage kommen. Auch der Export von Eisenerzen nach Japan wird erwogen.

Die in der Gegend von Taunggyi geförderten Manganerze können gleichfalls für die Versorgung der Hütte in Insein Bedeutung erlangen.

Kohlen

Da Burma jährlich 300000 t Steinkohle aus Indien importiert, besteht der Wunsch zur Ausbeutung eigener Kohlenlagerstätten. Bei Namma unweit Lashio vorgenommene Abbauversuche und eine eingehende Erkundung der Kalewa-Braunkohle (Abb.) haben jedoch bisher keine günstigen Ergebnisse gebracht. Möglicherweise lassen sich die bei Mulmein und im Merguidistrikt verbreiteten Ölschiefer, die bis zu 20% Ölausbeute ergeben sollen, besser verwerten (Abb.).

Edelsteine

Burma ist früher wegen seiner Lagerstätten von Rubin und Saphir berühmt gewesen. Erstaunlicherweise findet auch heute noch trotz der billigen synthetischen Herstellung dieser Edelsteine im Mogoktal und bei Kathe, nordnordöstlich von Mandalay (Abb.), eine ansehnliche Produktion statt. Die Edelsteine kommen am Kontakt von Granitgängen in Kalken vor, werden aber vor allem aus lehmigen eluvialen Zersetzungslagerstätten gewonnen. Außer Rubin, dessen Lagerstätten seit 1960 nahezu erschöpft sind, werden vor allem Saphir, Korund und Spinell gewonnen, ferner Apatit von eigenartig blauer Farbe, Aquamarin, Mondstein, Bergkristall, Hyazinth, Chrysoberyll und Lapislazuli sowie andere Halbedelsteine.

Die veränderten Produktionsverhältnisse lassen sich aus der folgenden Tabelle ablesen:

		1937	1953	1959	Wert 1000 $
Rubin	1000 Karat	157,3	19	15,2	415,8
Saphir	1000 „	4,4	35	438,5	214,6
Spinell	1000 „		18		

Der Halbedelstein Jade kommt gangförmig in Serpentiniten im Myitkyinadistrikt von Nordburma vor, wo er vor allem bei Tawmaw und bei Mogaung (Abb.) gewonnen wird. Er wird besonders in China geschätzt, wohin er über Hongkong exportiert wird. Am besten werden die heliotropen und smaragdgrünen Abarten bewertet. 1956 wurden 48 t Jade erzeugt.

Bernstein wird bei Maingkwan im Oberchindwindistrikt gewonnen (Abb.). Für 1956 wird eine Produktion von 2030 kg im Wert von 40225 Kyats angegeben.

Steine, Erden, Salze

Von den verbreitet angetroffenen Steinen und Erden sind vor allem Zementkalk und Mergel zu nennen, die in großem Ausmaß am Westufer des Irawadi bei Thayetmyo (Abb.) gewonnen und unter Verwendung von Erdgas aus der Pyaye-Antiklinale von der Burma Cement Co. zu Zement verarbeitet werden.

Salz wird hauptsächlich aus Meeressalinen zwischen Mulmein und Amherst (Abb.), ferner in kleinen Betrieben im trockenen Binnenland gewonnen.

Perspektiven für die weitere Entwicklung der Bergwirtschaft Burmas

Die Bergwirtschaft Burmas hatte vor 1942 eine beachtliche Bedeutung im südostasiatischen Raum. 20 Jahre nach den furchtbaren Zerstörungen während des zweiten Weltkriegs ist es noch nicht gelungen, die früheren Leistungen und Produktionen wieder zu erreichen.

Seit 1953 hat die burmesische Regierung die wichtigsten Bergbauzweige unter Abfindung der früheren Teilhaber verstaatlicht. Sie hat von allen Ländern, die dazu bereit waren, Beratung und Hilfe in geologischen und bergbaulichen Fragen dankbar angenommen. Vor allem hat man Wert auf eine verstärkte geophysikalische Untersuchung des Landes gelegt.

Man kann abschließend feststellen, daß in Burma nach Verbesserung der Verkehrsverhältnisse und nach Ausbildung von Leitungskräften und Bergleuten gute Aussichten bestehen, die Gewinnung mineralischer Rohstoffe auf einen Stand zu bringen, der den wirtschaftlichen Bedürfnissen des Landes weitgehend entspricht.

Zusammenfassung

Verf. untersucht die Bergwirtschaft Burmas und schildert skizzenhaft die Lagerstättenverhältnisse der einzelnen wichtigen mineralischen Rohstoffe des Landes. Er beurteilt abschließend die Perspektiven der weiteren Entwicklung.

Резюме

Автор анализирует горное дело Бурмы и описывает в общих чертах условия месторождений отдельных важных минеральных ископаемых страны. Заключительно он оценивает перспективы дальнейшего развития.

Summary

The author studies the mining industry of Burma and sketches the individual important mineral raw materials of the country with reference to their deposit conditions. He concludes with an estimate of their development perspectives.

Literatur

Berg, G., F. Friedensburg & H. Sommerlatte: Blei und Zink. Die metallischen Rohstoffe. — 9. Heft, F. Enke, Stuttgart 1950.

Buetz, G.: Die Mineralvorkommen Britisch-Burmas. — Z. prakt. Geol., **27**, 26—29, Berlin 1919.

Friedensburg, F.: Die Bergwirtschaft der Erde. — 1. Aufl. 1939, 4. Aufl. 1948 u. 5. Aufl., F. Enke, Stuttgart 1956.

Jungwirth, J.: Die Bergwirtschaft der burmesischen Union. — Berg- u. Hüttenm. Monatsh., **104**, H. 7, 143—151 (1959).

Krishnan, M. S.: Geology of India and Burma. — 3. Aufl., 555 S., Madras 1956.

Seydewitz, H., O. Brandel u. a.: Länder der Erde. Politisch-ökonomisches Handbuch. — 3. Aufl., Verl. Die Wissensch., Berlin 1962.

Sommerlatte, H.: Die Wolframerzlagerstätten Burmas. — Metall u. Erz, **39**, 2—6 u. 25—28 (1942).

— Die Blei-Zink-Erzlagerstätte von Bawdwin in Nord-Burma. — Z. deutsch. geol. Ges., **110**, 3, 491—504 (1958).

Trebin, F. A.: Die Erdölindustrie Burmas. — Z. angew. Geol., **4**, 179—182, Berlin 1958.

The Mining Journal, London, Annual Review, 1961, 1962 u. 1963.

Zeitschrift für angewandte Geologie, Bd. 10 (1964), Heft 6

Die Bestimmung von Karbonat in Mineralen und Gesteinen[1])

GERHARD WOLFF, Dresden

(Mitteilung aus dem Institut für Mineralogie und Geologie, Technische Universität Dresden)

An verschiedene chemische Elemente gebunden, bildet Karbonat eine Reihe wichtiger Minerale und ist somit Bestandteil vieler Gesteine. Vor allem in der Sedimentpetrographie können Karbonatminerale eine wichtige Rolle spielen, doch können sie ebenso Bestandteile von Metamorphiten und Magmatiten sein.

Zur Karbonatbestimmung sind eine Reihe mehr oder weniger befriedigender Methoden ausgearbeitet worden. Eine bei H. BILTZ & W. BILTZ (1960, S. 162) aufgeführte klassische Methode, bei der das freigesetzte Kohlendioxid an Kalilauge oder Natronkalk gebunden und so zur Wägung gebracht wird, erfordert längere Zeit und weist etliche Fehlermöglichkeiten auf. Die Wertung des Glühverlustes als Karbonatgehalt ist nur in wenigen Fällen vertretbar, selbst wenn man das Wasser gesondert bestimmt. Einmal werden nicht immer die zur Erreichung der vollständigen Dissoziation der Karbonate nötige Temperatur und Zeit beachtet. Sodann können in bestimmten Fällen noch erhebliche Gewichtsveränderungen der Probe durch flüchtige Stoffe, Verbrennung, Zersetzung von Verbindungen anderer flüchtiger Säuren und Wertigkeitsänderungen auftreten. Nur orientierenden Charakter hat auch eine titrimetrische Methode (E. HERRIN u. a. 1958): Die Substanz wird mit einer abgemessenen Menge Schwefelsäure bekannter Normalität behandelt, und durch Titration mit Natronlauge wird die verbrauchte Säure zum Kohlendioxid in Beziehung gesetzt. Modernere Methoden bestimmen das Kohlendioxid mittels Gaschromatographie (P. G. JEFFERY u. a. 1962; F. G. CARPENTER 1962). Leider stehen die hierzu nötigen Instrumente des hohen Preises wegen nicht jedem Laboratorium zur Verfügung. Zwei andere Verfahren von SCHEIBLER (1962) und GEISSLER erfordern eine Mindestmenge an Probengut von 0,8 bis zu 5,0 g und gestatten nur eine ungenaue Messung des entstandenen Kohlendioxids.

Das Prinzip der gasvolumetrischen Methode beruht darauf, durch eine Säure (z. B. Schwefelsäure) die Karbonate zu zersetzen und das entwickelte Kohlendioxidvolumen zu messen. Der gesamte Vorgang vollzieht sich in einer abgeschlossenen Apparatur unter konstantem Druck und konstanter Temperatur. Voraussetzung ist, daß die vorliegenden Karbonate durch Säuren zersetzt werden. Dies trifft für alle petrographisch wichtigen Karbonate zu, unter Umständen muß die Probe erhitzt werden.

In der Literatur (MACHATSCHKI 1953) finden sich über Karbonatmineralien folgende Löslichkeitsangaben: Calcit ($CaCO_3$) leicht löslich in kalten Säuren; Siderit ($FeCO_3$) in kalten Säuren nicht, jedoch in heißer Salzsäure löslich; Magnesit ($MgCO_3$) in heißer Salzsäure löslich; Zinkspat ($ZnCO_3$) und Manganspat ($MnCO_3$) in warmer Salzsäure löslich; desgleichen sind Dolomit [$CaMg(CO_3)_2$] und Ankerit [$Ca(Mg, Fe)(CO_3)_2$] erst in warmen Säuren löslich; Aragonit ($CaCO_3$) ist leichter löslich als Calcit, Strontianit ($SrCO_3$) wiederum weniger leicht als Aragonit, Cerussit ($PbCO_3$) ist in Salpetersäure unter Aufbrausen löslich; Witherit ($BaCO_3$) ist in Säuren löslich (mit $H_2SO_4 \rightarrow BaSO_4$), ebenso Malachit [$Cu_2(OH)_2CO_3$]. Selbstverständlich müssen alle Substanzen analysenfein gepulvert sein.

Gegenüber der gravimetrischen Bestimmung des Kohlendioxids hat die gasvolumetrische einen erheblichen Vorteil: 2,27 mg $CaCO_3$ enthalten 1 mg CO_2, dessen Wägung auf einer normalen Analysenwaage schon mit einem erheblichen Wägefehler behaftet ist. Unter Normalbedingungen (760 mm Hg und 0° C) nimmt dieses 1 mg jedoch 0,405 cm³ ein. Bei Karbonaten, deren Kation ein höheres Atomgewicht als das Calcium besitzt, ist der Vorteil der gasvolumetrischen Methode noch größer.

Apparatur

Zur Messung des Kohlendioxidvolumens wurde die frühere Ausführung der Apparatur (G. WOLFF u. a. 1958) im wesentlichen beibehalten. Ein kleines Glaskölbchen mit Schliff dient als Behälter für die Probe. Es sitzt an einem kurzen Rohrkühler, der eventuell entstehenden Wasserdampf kondensiert. An den Kühler ist ein mit besonders gut gereinigtem Quecksilber gefülltes U-Rohr angeschlossen, dessen einer Schenkel über einen dünnen Kunststoffschlauch beweglich mit dem an den Kühler anschließenden Schenkel verbunden ist. Letzterer dient als Meßrohr (Bürette einer Enslinapparatur; ablesbares Gesamtvolumen 3 ml, Teilung 1/100 ml, 0,003 ml schätzbar). Der Säurebehälter endet oben und unten in einem dünnen Glasrohr. Die obere Öffnung ist an das Kühlerende angeschlossen. Damit wird gewährleistet, daß durch die Säurezugabe selbst keine Volumenänderung im Reaktionsraum eintritt. Die Säure wird durch das untere Rohrende über ein Bunsenventil in ein Röhrchen geleitet, das am Kühleranfang durch den Schliff in das Glaskölbchen einmündet. Die für eine genaue Volumenbestimmung unerläßliche Temperaturkonstanz wird mit Hilfe eines Thermostaten (20,0° C) erreicht. Zu diesem Zweck sind Kühler und Säurebehälter von einem Glaszylinder umgeben. Ebenso taucht das Glaskölbchen in ein Becherglas mit Thermostatenflüssigkeit ein.

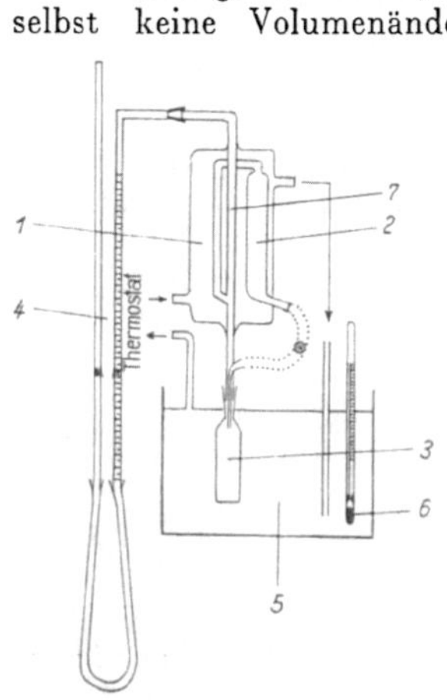

Abb. Apparatur zur Bestimmung von Kohlendioxid

1 — Temperiergefäß, 2 — Säurebehälter, 3 — Glaskölbchen, 4 — U-Rohr, 5 — Temperiergefäß, 6 — Thermometer, 7 — Kühler

[1]) Eingang des Manuskripts in der Redaktion: 3. 8. 1963

Versuchsdurchführung

Die Probensubstanz, analysenfein gepulvert und bei 110 °C getrocknet, wird in ein Glaskölbchen eingewogen. Danach gibt man destilliertes, CO_2-freies Wasser zu, um das Pulver anzuteigen. Der Säurebehälter wird durch Hineindrücken von Säure aus einer Spritzflasche über den Gummischlauch mit Bunsenventil gefüllt. Danach wird die Schlauchverbindung zwischen Säurebehälter und Einlaufröhrchen am Glaskölbchen geschlossen. Der Schliff am Ansatzstück des Kühlers wird sorgfältig gefettet und das Kölbchen fest angedrückt. Durch einen Gummiring oder eine Federspirale wird es gesichert. Dies ist sehr wichtig, da sonst bei Überdruck in der Apparatur an den Schliffstellen leicht CO_2 entweicht. Nunmehr wird die Apparatur an den Thermostat angeschlossen und auf konstante Temperatur gebracht (20,0 °C). Die eigentliche Messung beginnt, indem die beiden Quecksilberkuppen auf Niveaugleichheit gestellt werden. Hierzu wird der bewegliche Schenkel so lange auf der Schiene bewegt, bis die Menisken auf gleicher Höhe stehen. Die genaue Einstellung wird mittels einer Ableselupe mit Fadenkreuz kontrolliert und am Meßrohr das Ausgangsvolumen abgelesen. Die Säure wird jetzt vorsichtig und portionsweise zugegeben und nach Beendigung der Blasenbildung mit einer kleinen Gasflamme sehr vorsichtig bis zum beginnenden Sieden erhitzt. Entweichen keine Gasbläschen mehr, ist die CO_2-Austreibung beendet, und die Apparatur wird wieder auf die Ausgangstemperatur gebracht. Enthielt die Probe Karbonat, so besteht jetzt zwischen den Quecksilberkuppen eine Höhendifferenz. Durch Verschieben des beweglichen Schenkels stellt man abermals das Quecksilber auf Niveaugleichheit und liest dann die Volumenzunahme ab. Es ist zu bemerken, daß auf die Temperaturkonstanz größtes Augenmerk zu richten ist, desgleichen auf die restlose Zersetzung der Karbonate. Bei Dolomit und Ankerit z. B. erfordert dies ein längeres Erhitzen. Werden durch die Säurezugabe andere Gase aus der Substanz freigesetzt (z. B. Sauerstoff, H_2S), so ist die Methode nicht anwendbar. Man kann aber bei Sulfid versuchen, die Störung durch Zugabe von Bleiazetatlösung zu umgehen.

Tabelle. Übersicht über die Ergebnisse der CO_2-Gehaltsbestimmungen

Substanz	lfd. Nr.	Einwaage in g	% CO_2
I. Bestimmung des CO_2-Gehaltes einer stark verdünnten Sodalösung (etwa 5,3 g/500 ml)	1	0,9733	0,46
	2	1,0100	0,45
	3	1,0162	0,46
	4	1,0367	0,46
	5	0,9908	0,46
II. Bestimmung des CO_2-Gehaltes von ungeglühtem Kieselsäuregel	1	0,8751	0,24
	2	0,6334	0,25
III. Bestimmung des CO_2-Gehaltes von geglühtem Kieselsäuregel (2 Stunden bei 1000 °C)	1	0,8141	0,034
	2	0,6889	0,032
IV. Homogenisiertes Gemisch v. 100 mg $CaCO_3$ p. A. u. 10 g Kieselsäuregel (geglüht) (theoret. CO_2-Gehalt 0,44 %)	1	1,1020	0,440
	2	1,0482	0,442
	3	1,0836	0,436
V. Marmor von Miltitz-Roitzschen. Der Durchschnitt von 40,39 % CO_2 entspricht – umgerechnet auf $CaCO_3$ – einem Gehalt von 91,86 % Kalkspat	1	0,0186	40,33
	2	0,0134	39,62
	3	0,0094	41,14
	4	0,0089	40,45
		Durchschnitt	40,39
VI. Doppelspat, St. Andreasberg (Harz) ($CaCO_3$ enthält theoret. 43,97 % CO_2)	1	0,0101	43,77
	2	0,0102	43,43
VII. Gehaltsbestimmung an sehr kleinen Einwaagen von Na_2CO_3 (1–4) und $CaCO_3$ (5–10) (Na_2CO_3 enthält theoret. 41,52 % CO_2)	1	0,0082	42,74
	2	0,0081	41,00
	3	0,0085	42,56
	4	0,0108	40,64
		Durchschnitt	41,74
	5	0,0051	39,91
	6	0,0104	41,99
	7	0,0083	46,98
	8	0,0104	42,65
	9	0,0106	42,44
	10	0,0114	42,10
		Durchschnitt	42,68
VIII. Technische Produkte: Fließmasse aus Meißen (1–2) und Ofenton (3–5)	1	0,3285	1,349
	2	0,3479	1,352
	3	0,2265	0,124
	4	0,3229	0,124

Spalte 1 – Versuchssubstanz; Spalte 2 – Nummer des Versuchs an gleichartigen Proben; Spalte 3 – Einwaage in g; Spalte 4 – Gehalt an CO_2 in Gewichtsprozenten, bezogen auf die Einwaage

Berechnung

Das bei der Temperatur t und dem Barometerdruck p ermittelte Kohlendioxidvolumen wird anhand chemischer Tabellenbücher (KÜSTER u. a. 1947; RAUSCHER u. a. 1961) auf Normalbedingungen reduziert und das Gewicht berechnet. Bei der Versuchsdurchführung ist also eine genaue Temperatur- und Barometerablesung vorzunehmen, desgleichen sind die nötigen Korrekturen anzubringen, um die Genauigkeit der Methode auszunützen. Die durch die Reaktion bedingten partiellen molaren Volumenänderungen (Auflösen der Probensubstanz in Säure, Änderung der Zusammensetzung des Gasgemisches im Reaktionsraum) können vernachlässigt werden, desgleichen der Unterschied der Partialdrucke zwischen Wasserdampf und verdünnter Säure. Der Wasserdampfpartialdruck pH_2O muß von der Barometerablesung abgezogen werden, da das Kohlendioxid „feucht" gemessen wird.

Ergebnisse

Der Arbeitsgang der Methode sollte an verschiedenen reinen Substanzen (Na_2CO_3 und $CaCO_3$) erprobt werden; zum anderen war die Anwendbarkeit auf die Karbonatbestimmung an Mineral- und Gesteinspulvern zu prüfen. Die Ergebnisse dieser Versuche sind in der Tabelle zusammengestellt.

Diskussion der Ergebnisse

Unter Gruppe I sind die Resultate an einer etwa $^1/_{10}$ n-Sodalösung zu finden. Bei Einwaagen von ungefähr einem Gramm stimmen die Ergebnisse bis auf hundertstel Prozent überein bzw. weichen in einem Falle um eine Einheit der 2. Dezimale ab. Die gleiche Genauigkeit ist in Gruppe II gegeben, wo an Kieselgel bei Einwaagen von weniger als einem Gramm CO_2-Gehalte unter einem Prozent ermittelt wurden. Selbst an länger geglühtem Kieselsäuregel ließ sich noch eine Spur CO_2 nachweisen, und die Gehalte differieren nur um 2 Einheiten der 3. Dezimale (III). Ein ähnliches Bild ergibt sich bei IV. Unter V sind Bestimmungen an einem Marmor von Miltitz-Roitzschen (Sa.) angeführt. Hier streuen die Werte um 0,75% um den Mittelwert. Berücksichtigt man jedoch die sehr geringe Einwaage (etwa 10 mg) und bedenkt, daß die Proben auf einer normalen Analysenwaage eingewogen wurden, so sieht man, daß die Abweichungen innerhalb bzw. an der Grenze des Wägefehlers liegen. Durch Benutzung einer Mikrowaage würde man hier ohne weiteres eine höhere Genauigkeit erzielen. Das gleiche trifft für die Rubrik VII zu. Der Mittelwert von 4 Proben Na_2CO_3 weicht — bei Einwaagen von weniger als 10 mg — nur um 0,22 Gewichts-% vom theoretischen Wert ab. An 6 Proben von Calciumcarbonat ergab sich eine Abweichung von 1,29% des Mittels vom theoretischen Wert. Allerdings könnte diese Abweichung auch an der Chemikalie liegen, da alle Werte bis auf einen unter dem theoretischen liegen.

Man hat mit dieser Methode mithin auch eine Möglichkeit an der Hand, CO_2-Bestimmungen im Milligrammbereich durchzuführen. Außer den obenangeführten Beispielen wurden an ca. 100 Gesteinsproben Karbonatbestimmungen durchgeführt und die Eignung der Apparatur für die vorliegende Aufgabe nachgewiesen. Die Einwaagen sind so zu bemessen, daß das entwickelte Gasvolumen das Meßrohrvolumen nicht übersteigt. Die Genauigkeit der Einwaage bestimmt in hohem Maße die Genauigkeit bei der Ermittlung des Prozentgehaltes an CO_2.

Zusammenfassung

Eine früher entwickelte Apparatur zur Bestimmung des disponiblen Sauerstoffs säurezersetzlicher Oxide (G. WOLFF u. a. 1958) wird auf ihre Eignung zur Messung des Karbonatgehaltes von Mineralen und Gesteinen untersucht. Die Methode beruht auf der Zersetzung der Karbonate durch Säuren und Messung des Kohlendioxidvolumens unter konstantem Druck. Da die Apparatur die Messung sehr kleiner Volumenänderungen gestattet, ist es möglich, selbst noch geringste Gehalte an Kohlendioxid zu messen bzw. die Gehaltsbestimmung an sehr kleinen Mengen durchzuführen.

Резюме

Раньше развитая аппаратура для определения активного кислорода разлагаемых кислотами окислов (см. Вольф и др., 1958г.) изучается на ее пригодность для измерения содержания карбонатов в минералах и породах. Метод основывается на разложении карбонатов кислотами и измерении объема двуокиси углерода при постоянном давлении. Так как аппаратура позволяет измерение очень небольших объемов, можно с е помощью измерять даже наименьшие содержания двуокиси углерода или проводить определение содержания с применением очень небольших количеств.

Summary

An earlier developed apparatus for the determination of oxygen available in acid-decomposable oxides (G. WOLFF et al. 1958) is investigated for its suitability to measure the carbonate content of minerals and rocks. The method is based on the decomposition of carbonates by acids and measurement of the volume of carbon dioxide under constant pressure. As the apparatus permits the measurement of very small changes in volume, even smallest contents of carbon dioxide can be measured, and contents in very small quantities can be determined respectively.

Literatur

BILTZ, H., & W. BILTZ: Ausführung quantitativer Analysen. — S. Hirzel Verl., Stuttgart 1960.
CARPENTER, F. G.: Schnelle gaschromatographische Bestimmung von CO_2 in kleinen Mengen. — Analytic. Chem., 34, 66—67 (1962).
GEISSLER, R.: Nach G. abgewandelte Institutsvorschrift.
HERRIN, E., H. STERLING HICKS & H. ROBERTSON: Eine schnelle volumetrische Bestimmung von Karbonat in Mineralien. — Field and Lab., 26, 139—44 (1958) [engl.].
JEFFERY, P. G., & P. I. KIPPING: Bestimmung der Bestandteile von Gesteinen und Mineralen durch Gaschromatographie. — Analyst, 87, 379 bis 382 (1962).
KÜSTER, F. W., A. THIEL & K. FISCHBECK: Logarithmische Rechentafeln. — Verl. Walter de Gruyter & Co., Berlin 1958.
MACHATSCHKI, F.: Spezielle Mineralogie auf geochemischer Grundlage. — Springer-Verlag, Wien 1953.
RAUSCHER, K., J. VOIGT, I. WILKE & K. T. WILKE: Chemische Tabellen und Rechentafeln für die analytische Praxis. — VEB Deutscher Verlag für Grundstoffindustrie, Leipzig 1961.
SCHEIBLER, R.: Gelände- und Laborpraktikum der Bodenkunde. — VEB Deutscher Landwirtschaftsverl., S. 74, Berlin 1962.
WOLF, L., G. WOLFF & H. BÄRNIGHAUSEN: Zur Kenntnis des Systems Praseodymoxid — Neodymoxid (Bestimmung des disponiblen Sauerstoffs). — J. prakt. Chemie, R. 4, 6, 259—265 (1958).

Bestimmung der Raumlage eines Schicht- oder Schieferungskomplexes aus einer Bohrung mit nichtorientierter Kernentnahme[1]

ALFRED LENK, Zwickau

Grundlagen

Die Raumlage einer ebenen Fläche ist durch zwei in ihr liegende Geraden bestimmt.

Mit dem SCHMIDTschen Netz (s. Abb. 1) ermittelt man die Raumlage einer solchen Fläche E, indem man die beiden gegebenen Geraden g_1 und g_2 mit bekannter Raumlage auf einem Oleat als Achsenpole einträgt. Der Großkreis E', auf dem g_1 und g_2 liegen, ist die Spur der gesuchten Fläche E.

Ist die Raumlage der gegebenen Geraden nicht wie oben eindeutig durch Streichen und Fallen bestimmt, sondern nur dadurch, daß die Geraden mit Achsen bekannter Lage einen bestimmten Winkel einschließen, so kann man die Raumlage der Fläche, in der sie liegen, ermitteln, wenn man drei Geraden heranzieht, die auf diese Art eingemessen worden sind. Man geht dabei wie folgt vor (s. Abb. 2): Sind die Geraden g_1, g_2, g_3 ge-

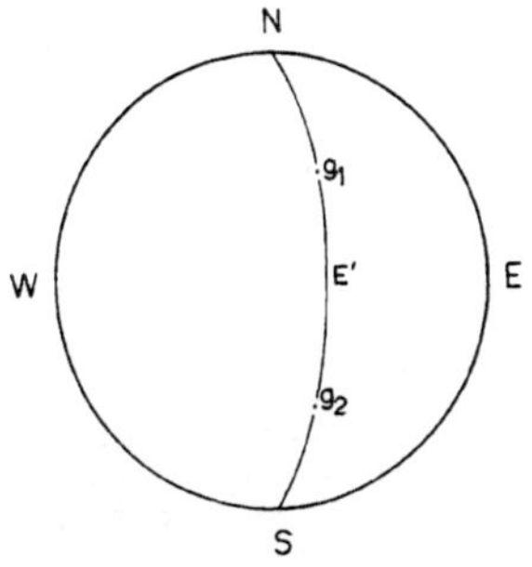

Abb. 1

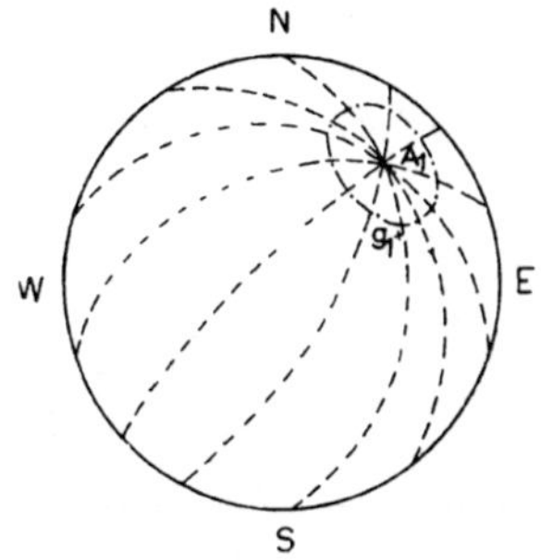

Abb. 2

[1]) Eingang des Manuskripts in der Redaktion: 18. 3. 1963

Zeitschrift für angewandte Geologie, Bd. 10 (1964), Heft 6

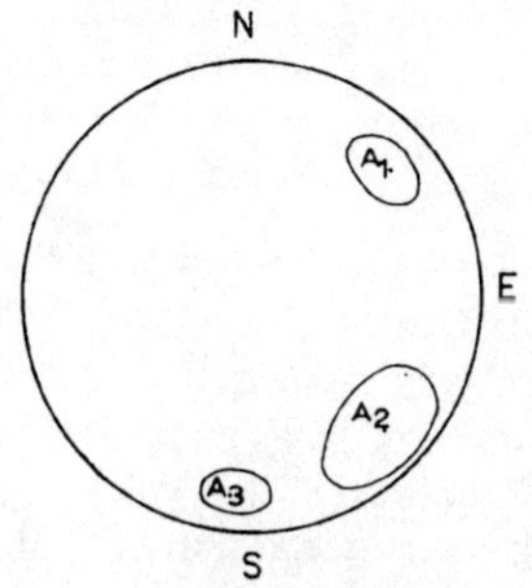

Abb. 3

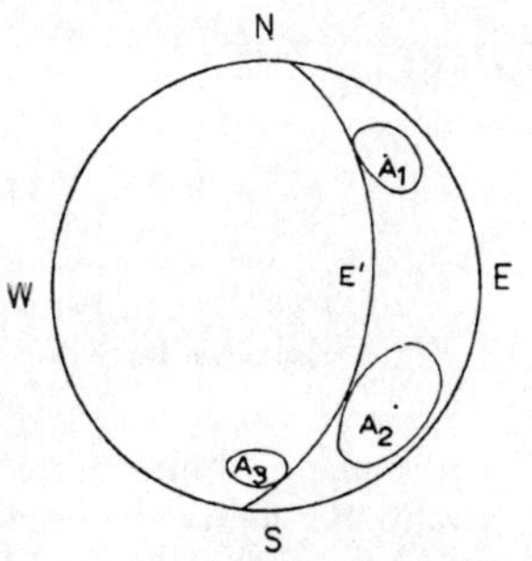

Abb. 4

geben, die mit Achsen bekannter Raumlage A_1, A_2, A_3 die Winkel α_1, α_2 und α_3 einschließen (A_1 und g_1 sind die Schenkel des Winkels α_1 usw.), so trägt man auf einem Oleat des Schmidtschen Netzes A_1 als Achsenpol ein. Dann bringt man A_1 auf einen Großkreis, auf welchem man im Abstand von α_1 einen Punkt g_1^x markiert, der eine mögliche Lage der gesuchten Geraden g_1 darstellt. g_1^x wird um A_1 rotiert. Das geschieht zweckmäßig so, daß man A_1 immer auf andere Großkreise bringt und dort nach beiden Seiten im Abstand α_1 Punkte ermittelt, die untereinander sinngemäß verbunden eine Rotationskurve bilden, auf der irgendwo g_1 liegt.

Auf dem gleichen Oleat (s. Abb. 3) verfährt man ebenso mit A_2, A_3, α_2, α_3, g_2 und g_3, wodurch man zwei weitere Rotationskurven erhält.

Die Spur der gesuchten Fläche E (s. Abb. 4) ist der Großkreis E', der alle drei Rotationskurven berührt. Da jeweils nur ein Punkt einer Rotationskurve eine Gerade in der gesuchten Fläche sein kann, darf die Spur E' keine der Rotationskurven schneiden.

Anwendung

Es sei ein eingemessenes Bohrloch mit nicht orientiert entnommenen Kernen, in welchen Schichtung oder Schieferung zu erkennen ist, gegeben. Die Raumlage der Schichtung oder Schieferung kann aus diesen Angaben wie folgt ermittelt werden:

1. Man wählt einen Kern mit erkennbarer Schichtung oder Schieferung aus und ermittelt aus Werten der Bohrlochvermessung die Raumlage des Bohrlochabschnitts A_1, aus dem der Kern stammt.
2. Man stellt diesen Kern vertikal und mißt den Winkel α_1, der von der Kernachse und der Fallinie g_1 der Schicht (bei dieser vertikalen Lage der Kernachse) gebildet wird.
3. A_1 wird als Achsenpol in ein Oleat des Schmidtschen Netzes eingetragen und das lineare Element g_1 im Abstand α_1 von A_1 um A_1 rotiert, wie das im Abschnitt „Grundlagen" im einzelnen beschrieben worden ist.

Genauso verfährt man mit zwei weiteren Kernen, in welchen Schichtung oder Schieferung zu erkennen ist. Der die drei Rotationskurven tangierende Großkreis ist die Spur E' der Schichtung bzw. Schieferung. Durch die Spur E' ist dann die Raumlage eines Schicht- oder Schieferungskomplexes bekannt.

Diese Methode ist erfolgreich, wenn ein parallel geschichteter oder geschieferter Komplex untersucht wird. Da Parallelschichtung auch in den Schenkeln von Isoklinalfalten auftritt, läßt sich z. T. auch in gefaltetem Gebirge die Lage der Schichtung ermitteln. Die Methode ist anwendbar, wenn die Achsenpole A_1, A_2, A_3 auf dem Oleat nicht zusammenfallen, d. h., wenn ein Bohrloch mit gekrümmtem Verlauf (u. U. ein bewußt abgelenktes Bohrloch) zur Auswertung zur Verfügung steht.

Liegen nun Bohrlöcher mit geradem (sehr gering gekrümmtem) Achsenverlauf vor, so kann man auch aus drei verschiedenen, aber nicht gleichgerichteten (A_1, A_2, A_3 dürfen nicht gleiche Raumlage haben!) die Lage der Schichtung oder Schieferung ermitteln. Dabei besitzt diese Methode den Vorzug, auch dann erfolgreich zu sein, wenn zwischen den drei Bohrungen Verwerfungen auftreten (Drehverwerfungen ausgenommen).

Bei der praktischen Durchführung wird es sich zeigen, daß die gesuchte Spur oft die Rotationskurven schneidet, wenn auch meist nur in sehr peripherer Lage. Hat man die beschriebene Methode korrekt angewendet, so kann dies nur dadurch hervorgerufen worden sein, daß in der Raumlage der Schichtung bzw. Schieferung lokale Abweichungen auftreten. Eine durch Diagonalschichtung hervorgerufene Abweichung läßt sich in vielen Fällen leicht umgehen, indem man die Diagonalschichtung, die im Kern häufig unschwer zu erkennen ist, zur Auswertung mit dem obengenannten Ziel grundsätzlich nicht heranzieht. Die Fehler, die durch im Kern schwer erkennbare lokale Abweichungen von der normalen Raumlage der Schichtung in die Untersuchungen eingehen, können weitgehend dadurch ausgeschaltet werden, daß man α_1 aus mehreren Messungen durch arithmetische Mittelbildung bestimmt.

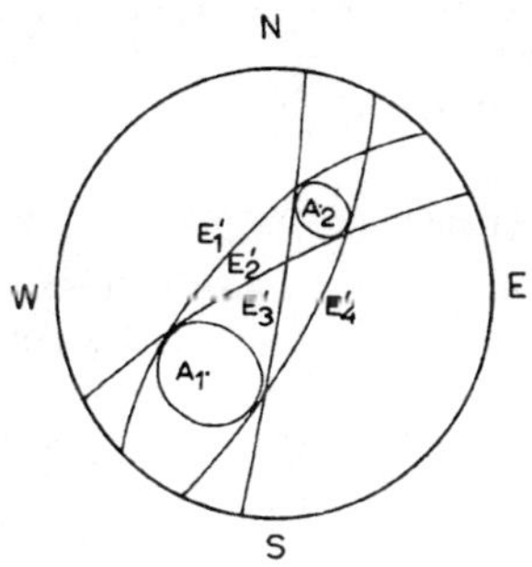

Abb. 5

Besitzt man bereits Vorstellungen über Lagerungs- und Schieferungsverhältnisse des zu untersuchenden Komplexes und geht es nur noch um eine Präzisierung dieser Vorstellungen, so kann eine zweideutige Lösung die endgültige Lösung der Aufgabe sein. Es sei aber darauf hingewiesen, daß auf zwei Messungen (d. h. auf zwei Rotationskurven) beruhende Aufgaben (s. Abb. 5) vier Lösungen E_1', E_2', E_3', E_4' als mögliche Raumlage der Schicht- oder Schieferungsfläche haben. E_1', E_2', E_3', E_4' erfüllen die obengestellte Bedingung, da sie die Rotationskurven nur tangieren.

Schließlich können bei entsprechender Anwendung dieser Methode Homogenitätsbereiche der Schichtung bzw. Schieferung abgegrenzt und Diskordanzen lokalisiert werden. Je näher dabei die zur Auswertung verwendeten Schieferungs- bzw. Schichtflächen an der Diskordanzfläche liegen, desto genauer kann die Fläche lokalisiert werden.

Nach Auffassung des Verf. besitzt das vorgelegte Verfahren, besonders wenn der Bohrlochverlauf auf dieses Verfahren abgestimmt wird, große ökonomische Bedeutung.

Fotomechanische Vervielfältigung geologischen Kartenmaterials[1])

WERNER HUTH & ULRICH KRIEBEL, Halle (Saale)

(Mitteilung aus dem VEB Geologische Erkundung West, Halle/Saale)

Neben dem zum Druck kommenden geologischen Kartenmaterial fallen sehr häufig Kartenunterlagen an, die in Ergebnisberichten geologischer Untersuchungsarbeiten in die Archive verschiedener Institutionen eingehen. Da die Ergebnisberichte in 5—6 Exemplaren angefertigt werden, nehmen die zeichnerischen Arbeiten einen erheblichen Umfang an. Meist handelt es sich um geologische Karten, die wegen der großen Anzahl ausgeschiedener geologischer Kartierungseinheiten nicht mit einer Schwarz-Weiß-Signatur versehen werden können. Bei Vervielfältigung durch Lichtpausen wären für jedes Exemplar die gleichen Kolorierungsarbeiten erforderlich.

Von der Abteilung Kartierung des VEB Geologische Erkundung West wurden in letzter Zeit die umfangreichen Arbeiten der Vervielfältigung geologischer Karten durch eine vom VEB Filmfabrik AGFA Wolfen (heute ORWO) durchgeführte fotomechanische Vervielfältigung vereinfacht und wesentlich verbilligt.[2])

Anhand zweier Beispiele sollen im folgenden die gesammelten Erfahrungen, die von allgemeinem Interesse sein dürften, erläutert werden.

1. Beispiel: Meßtischblatt Wippra

Im Rahmen der Revisionskartierung im südöstlichen Harzvorland wurde der Südteil des Meßtischblattes Wippra geologisch neu aufgenommen. Kartiert wurden die dem Varistikum des Harzes aufgelagerten Schichten des Permokarbons, Zechsteins, Buntsandsteins, Tertiärs und Quartärs. Dargestellt wurden sämtliche Schichten im 2-m-Bereich, was zahlreiche Decksignaturen und Farbabstufungen zur Folge hatte. Neben dieser geologischen Karte wurden eine Karte des präkänozoischen Untergrunds sowie zwei Profilschnitte und eine Mächtigkeitstabelle entworfen. Die Feldreinkarte im Maßstab 1:10000 wurde auf den Maßstab 1:25000 fotomechanisch verkleinert und auf ein Meßtischblatt zeichnerisch übertragen. Die auf dem Reinblatt 1:25000 durchgeführte Kolorierung der einzelnen geologischen Einheiten entspricht der zur Zeit üblichen Darstellung für Karten dieses Maßstabes, und zwar Permokarbon in bräunlichen Farben; Zechstein in blauen, grünen und grauen Farben; Buntsandstein in rötlichbraunen Farben; Tertiär in orangeroten Farben und Pleistozän in gelben Farben.

Zusätzlich wurden petrographische Signaturen verwendet, mit denen einzelne Glieder des Permokarbons und des Pleistozäns unterschieden werden sollten. Die einzelnen Glieder des Unteren Buntsandsteins (Zonen su_1 bis su_5 im Sinne von W. JUNG 1958) wurden durch bräunliche und violette Schrägsignaturen über der rötlichbraunen Buntsandsteingrundfarbe kenntlich gemacht. Bei dieser notwendigen Art der Darstellung der Schichtglieder ergaben sich bereits beim Zeichnen des Originals Schwierigkeiten. Im Bereich des Permokarbons und des Unteren Zechsteins bedecken die petrographischen Signaturen die schon wegen der sehr schmalen Ausstriche schlecht unterscheidbaren Grundfarben. Ferner wird dadurch die in Braun gehaltene Topographie verdeckt und z. T. unleserlich. Durch die Anwendung farbiger Schrägsignaturen (Buntsandstein) ergeben sich subjektive Farbänderungen der Grundfarbe.

Die fotomechanische Vervielfältigung

Vom VEB Filmfabrik AGFA Wolfen (heute ORWO) wurde die fotomechanische Vervielfältigung durchgeführt. Angefertigt wurden zunächst Colornegative im Format 18×24 cm. Hierzu ist zu bemerken, daß sich die von einer anderen Institution zu Dokumentationszwecken angefertigten Colornegative im Format 6×6 cm als unbrauchbar erwiesen, da bei der Größe des fotografierten Originals von rund 50 cm Kantenlänge nur das Negativzentrum die nötige Schärfe aufwies.

Bei der Vergrößerung des Colornegativs auf das Format 18×24 cm traten ebenfalls einige Schwierigkeiten auf. Um eine dem Original entsprechende Farbtreue zu erreichen, waren zahlreiche Versuche notwendig (Veränderung der Belichtungszeit und der Entwicklungsart usw.).

Da das Filmmaterial auf natürliche Farben wie grün, blau, rot, gelb, braun usw. abgestimmt ist, erscheinen diese auf den Reproduktionen farbtreu.

Mischfarben und unnatürliche Farbabstufungen, wie z. B. ein rötliches Blau, werden bei Reproduktionen nicht farbecht wiedergegeben. Durch farbige Schrägsignatur auf andersfarbigem Untergrund können bei der Verwendung unnatürlicher Farben Farbveränderungen auftreten, die nicht mit dem Original übereinstimmen. Bei geringen Farbkontrasten sind die Unterschiede undeutlich. Schon bei der Anfertigung der Originale ist darauf zu achten, daß:

1. einfache, natürliche Farben verwendet werden,
2. die Mischfarben weitgehend vermieden werden,
3. stärkere Farbkontraste berücksichtigt werden,
4. sich die Decksignaturen (Schrägschraffen, Kreise, Punkte usw.) deutlich von der Grundfarbe abheben und möglichst nicht farbig sind,
5. die topographische Unterlage als Schwarzdruck gewählt wird,
6. die geologischen Grenzen, Symbole und andere Einzeichnungen mit schwarzer Tusche gezeichnet werden.

Bei komplizierten Farbreproduktionen tritt häufig eine Abweichung in der Farbe der einzelnen Vergrößerungen auf, deren Ursache in der Unterschiedlichkeit des Filmmaterials zu suchen ist. Dieses Negativum

[1]) Eingang des Manuskripts in der Redaktion: 14. 11. 1963

[2]) Besonderer Dank gebührt den Herren KEYDL und GROSSER von der Abteilung Kundenfilm-Entwicklung des VEB Filmfabrik AGFA Wolfen (heute ORWO).

kann jedoch dadurch ausgeglichen werden, daß man Reproduktionen etwa gleicher Farbtönung zusammenstellt.

Ein gewisser Verzug des Papiermaterials ist beim Trocknungsprozeß festzustellen. Beim Mbl. Wippra konnten Verkürzungen um 5% in der Länge und Höhe gemessen werden. Durch weitere Versuche müßte sich jedoch der Verzug, der übrigens in kleinerem Maße auch am Original festzustellen war, mittels einer über den Originalmaßstab hinausgehenden Vergrößerung wesentlich verringern lassen. Dazu wäre es zunächst erforderlich, den mittleren Verzugsfaktor zu ermitteln.

Vom VEB Filmfabrik AGFA Wolfen (heute ORWO) wurden Reproduktionen in Hochglanz und mit matter Oberfläche geliefert. Letztere sind wegen der geringeren Empfindlichkeit (Blindwerden der Hochglanzschicht beim Anfassen) zum Gebrauch besser geeignet.

Kostenvergleich

Nachfolgende Aufstellung über die Kosten der Anfertigung von je sechs Exemplaren auf zeichnerischem Wege einerseits und auf fotomechanischem Wege andererseits gibt Aufschluß über die Verbilligung des Arbeitsvorganges.

1. Zeichnerische Arbeiten:

Geologische Karte (Mbl. Wippra, Südteil, ca. 25 km²; 1:25000)

ca. 150 Stunden ca. DM 450,—

Bei der Anfertigung der Exemplare 2—6 (5 Karten) verringert sich durch Arbeitsvereinfachung der Kostenaufwand um 20% der Erstanfertigung.

Geologische Karte, Exemplare 2—6 je

	ca. 120 Stunden	ca. DM 360,—
zusammen	ca. 600 Stunden	ca. DM 1800,—

Kosten für die zeichnerische Anfertigung von 6 Exemplaren der geologischen Karte: ca. DM 2250,—

Karte der präkänozoischen Bildungen (Mbl. Wippra, Südteil, ca. 25 km², 1:25000)

Erstanfertigung

	ca. 110 Stunden	ca. DM 330,—
Exemplare 2—6 je		
	ca. 88 Stunden	je ca. DM 264,—
5 Exemplare	ca. 440 Stunden	ca. DM 1320,—

Kosten der zeichnerischen Anfertigung von 6 Exemplaren der Karte der präkänozoischen Bildungen: ca. DM 1650,—

2. Fotomechanische Arbeiten:

2 Colornegative	à DM 25,—	DM 50,—
10 Papiervergrößerungen	à DM 36,—	DM 360,—
	zusammen	DM 410,—

Dazu kommen:

Original der geologischen Karte	DM 450,—
Original der präkänozoischen Karte	DM 330,—
Kosten zusammen	DM 1190,—

Es stehen sich also folgende Kosten gegenüber:

zeichnerische Arbeiten (je 6 Exemplare) ca. DM 3900,—

fotomechanische Arbeiten (2 Originale und je 5 Reproduktionen) ca. DM 1190,—

Das bedeutet eine Kosteneinsparung von rund DM 2710,—, etwa 70%.

2. Beispiel: Meßtischblatt Groß Garz

Im Rahmen der Erstkartierung der nördlichen Altmark ist der Ostteil des Blattes Groß Garz geologisch aufgenommen worden. Die Oberfläche dieses Gebietes besteht aus pleistozänen und holozänen Ablagerungen. Kartiert wurden sämtliche Schichten im 2-m-Bereich, die auch in der Karte dargestellt worden sind. Infolge des hohen Anteils holozäner Bildungen und der mehrschichtigen Darstellung gemäß den bestehenden Anweisungen weist die geologische Karte etwa zur Hälfte Punktsignaturen und Schraffuren auf, die sich durch Farbabstufungen unterscheiden. Das restliche Kartierungsgebiet ist in farbigen Flächen dargestellt.

Die Karte zeigt folgende Farben:

grün (Flächen, Punktsignatur)	(Talsand)	Pleistozän
gelb (Flächen)	(Dünen)	Holozän
braun (Schraffur, Punktsignatur)	(Torf, Moorerde, Flußsand, Schlick)	Holozän
blau (Schraffur)	(Abschlämmassen)	Holozän
rot (übliche Signatur)	(Raseneisenerz)	Holozän
schwarz (Schraffur)	(Aufschüttung)	Holozän

Außerdem zeigen der geologische Schnitt und die Mächtigkeitstafel pleistozänen Schmelzwassersand, Geschiebemergel und Beckenton in dunkelbrauner Punktsignatur bzw. Schraffur.

Die Fertigstellung des Originals (Maßstab 1:25000) erfolgte in der gleichen Weise wie bei Blatt Wippra.

Nach Anfertigung eines Colornegativs vom Format 18×24 cm durch den VEB Filmfabrik AGFA Wolfen (heute ORWO), wobei das Original mit Karte, Legende, geologischem Schnitt und Mächtigkeitstafel eine Größe von 65×75 cm aufwies, wurden sechs Vergrößerungen im Maßstab des Originals angefertigt. Sie zeigten gegenüber dem Original einige Farbabweichungen. Annähernd farbtreu und gut hervortretend sind grün, gelb, hellbraun und rot. Bei blau und dunkelbraun ist dagegen eine Farbabweichung gegenüber dem Original festzustellen. Die blaue Schraffur wird auf den Vergrößerungen dunkler als auf dem Original, die dunkelbraune Schraffur wird etwa dunkelbraungrau. Da diese Farbabweichungen bei der Legende, der Karte, dem Schnitt usw. gleich sind, ist das Lesen der Reproduktionen des geologischen Blattes Groß Garz nicht erschwert. Es sei hier allerdings nochmals darauf hingewiesen, daß annähernd farbtreue Reproduktionen nur dann möglich sind, wenn beim Zeichnen des Originals die bereits bei Blatt Wippra angeführten Punkte beachtet werden.

Der Verzug des Papiermaterials infolge des Trockenprozesses ist bei Blatt Groß Garz nur gering.

In der Länge beträgt die Verkürzung etwa 0,4%, in der Höhe 0,7%. Wegen der geringeren Empfindlichkeit wurden die Reproduktionen mit matter Oberfläche angefertigt.

Kostenvergleich von zeichnerischer und fotomechanischer Vervielfältigung

Gegenüber der zeichnerischen zeigt die fotomechanische Anfertigung von je 6 Exemplaren des Blattes Groß Garz wie bei Blatt Wippra beachtliche finanzielle Einsparungen.

1. Zeichnerische Arbeiten:

Geologische Karte Groß Garz (Ostteil), ca. 75 km², Maßstab 1:25000 mit Legende, geologischem Schnitt, Mächtigkeitstafel

		Arbeitszeit	Kosten
1. Exemplar		ca. 160 Stunden	ca. DM 480,—
2.—6. Exemplar	je	ca. 128 Stunden	je ca. DM 384,— [3]
insgesamt		ca. 800 Stunden	ca. DM 2400,—

[3]) Durch Arbeitsvereinfachung verringert sich der Zeit- und Kostenaufwand bei der Anfertigung der Exemplare 2—6 (5 Karten) um ca. 20% des 1. Exemplars.

2. Fotomechanische Arbeiten:

1 Colornegativ	à DM 25,—	DM 25,—
5 Papiervergrößerungen	à DM 78,—	DM 390,—
	zusammen	DM 415,—
Hinzu kommt		
1 Original der geologischen Karte		DM 480,—
	Gesamtkosten:	DM 895,—

Danach sind folgende Kosten gegenüberzustellen:

zeichnerische Arbeiten (je 6 Exemplare)	DM 2400,—
fotomechanische Arbeiten (1 Original und 5 Reproduktionen)	DM 895,—

Bei fotomechanischer Vervielfältigung ergibt sich somit bei 6 Exemplaren eine Kosteneinsparung von DM 1505,—, gleich 63%

Zusammenfassung

Anhand zweier Beispiele werden die Erfahrungen bei der Vervielfältigung geologischer Karten auf fotomechanischem Wege mitgeteilt. Gegenüber den Kosten für zeichnerische Arbeiten ergibt die fotomechanische Herstellung eine Kosteneinsparung von 60—70% und eine wesentliche Einsparung von Arbeitskräften.

Резюме

На двух примерах излагается опыт размножения геологических карт фотомеханическим путем. По сравнению со стоимостью чертежных работ, фотомеханическое изготовление дает снижение затрат в 60—70% и значительную экономию труда.

Summary

Experiences made with the photo reproduction of geological maps are described and illustrated by two examples. Compared to drawing, photo reproduction cuts cost by 60 to 70 per cent in addition to saving labour.

Über die Qualität von Buntmetallerzen und die Rentabilität der Produktion

(Ein Diskussionsbeitrag zum Aufsatz von B. F. Nowoshilow, Moskau; Z. angew. Geol., **10**, H. 3, Berlin 1964)

Karl-Heinz Bintig, Berlin

Die im Artikel von B. F. Nowoshilow dargelegte Entwicklung der ökonomischen Kennziffern von Betrieben des Buntmetallerzbergbaus in Kasachstan überrascht nicht, weil sie unter den geschilderten Verhältnissen ziemlich zwangsläufig zu erwarten war. Betrachtet man nur die gegenwärtige, durch die vorhandenen Produktionsverfahren gegebene Lage und akzeptiert dazu die Bedingung des Autors, daß gegenüber dem früheren Zustand (Gewinnung reicherer Erze) keine Erhöhung der Selbstkosten des Endproduktes auftreten darf, so ist seine Behauptung, daß in der Regel die Einbeziehung von Außerbilanzerzen in die Förderung gegenwärtig ökonomisch nicht gerechtfertigt ist, und seine Forderung, eine Gewinnung solcher armen Erze durch einen Massenabbau zu verbieten, richtig. Die hier angeführten Beispiele sind jedoch zweifellos nicht der Normalfall. Die aus ihnen gezogenen Schlußfolgerungen können zwar in Einzelfällen durchaus zutreffen, lassen sich aber mit Sicherheit nicht verallgemeinern. Dabei muß jedoch anerkannt werden, daß vieles, was gegen die Meinung des Autors vorgebracht werden kann (und bereits in der Diskussion in der UdSSR dazu vorgebracht wurde), im Artikel selbst schon ziemlich umfassend in Form von Einschränkungen der vorgebrachten Thesen enthalten ist, der Autor selbst also schon die Bedingungen für die Gültigkeit seiner Forderungen formuliert hat. So beschränkt er z. B. zeitlich seine Forderungen eindeutig nur bis zu jenem Zeitpunkt (er wird mit etwa 1967 angegeben), zu dem die Betriebe mit hochleistungsfähigen Ausrüstungen ausgestattet sind, hochproduktive Abbauverfahren allgemein angewendet werden und die Aufbereitung durch Schwimmsinkverfahren erfolgt. Seine Vorschläge sollen also lediglich dazu dienen, in kurzer Zeit ohne wesentliche Aufwendungen die Produktion an Metall zu erhöhen und auf eine rentable Betriebsführung im laufenden 7-Jahr-Plan überzugehen. Seine Forderungen werden weiter wesentlich durch den Punkt 2 seiner Schlußfolgerungen eingeengt bzw. aufgehoben, in dem er feststellt, daß die Gewinnung solcher armen Erze gestattet ist, wenn sie unvermeidlich und ökonomisch gerechtfertigt ist, die Verluste an industriellen armen Erzen die Lebensdauer des Betriebes beträchtlich einschränken, wenn ihre Gewinnung wegen der Begrenztheit der Vorräte für die Volkswirtschaft des Landes als unbedingt notwendig anzusehen ist und ferner zur Verhütung von Raubbau sowie möglichen anderen groben Verstößen gegen die Interessen des Staates. Diese angeführten Gründe für die Gewinnung von Armerzen müssen akzeptiert werden; lediglich das Argument mit der Lebensdauer des Betriebs braucht nicht in allen Fällen stichhaltig zu sein.

Für ökonomisch richtige Entscheidungen hinsichtlich der Gewinnung von Armerzen nicht nur in diesen Fällen bleibt jedoch noch zu untersuchen, ob und unter welchen Bedingungen dabei eine Erhöhung der Selbstkosten für das Endprodukt auftritt, wobei als Endprodukt jeweils das erste gleichartige Erzeugnis aus den Förderprodukten aller Bergbaubetriebe für den betreffenden Rohstoff anzusehen ist, also zumindest ein Aufbereitungskonzentrat mit einem bestimmten einheitlichen Gehalt oder ein Hüttenerzeugnis, wie z. B. Rohkupfer.

Das Kriterium für die ökonomische Zweckmäßigkeit einer Veränderung des Produktionsverfahrens, wie hier die Einbeziehung von Armerzen in die Gewinnung, sieht der Autor darin, daß gegenüber dem früheren Verfahren keine Erhöhung der Selbstkosten eintritt. Diese Forderung ist — wenn man vom Prinzip der ständigen Senkung der Selbstkosten ausgeht — richtig, kann aber nicht immer auf einzelne Produktionsstufen bezogen werden. Erfüllt muß sie jedoch für das jeweilige Endprodukt (hier das Metall) werden. So ist es z. B. durchaus möglich (und zulässig), daß die Gewinnungskosten je Tonne Metall im Erz steigen, d. h. die Kostenerhöhung durch die Abnahme des Metallgehalts im Fördererz größer ist als die Senkung der Gewinnungskosten, wenn durch Verbesserung (d. h. Kostensenkung) bei den Anreicherungs- und Verhüttungsverfahren diese Erhöhung wieder ausgeglichen wird. Es ist also jeweils der gesamte Produktionsgang bis zum Endprodukt auf die Möglichkeit von Kostensenkungen hin zu betrachten.

Den Nachweis über die Selbstkostenerhöhungen führt der Autor in der Mehrzahl seiner Beispiele über zwei Kennwerte: Selbstkosten der Gewinnung und Selbstkosten des Metalls im Fördererz. Die Kosten der Weiterverarbeitung werden für seine Schlußfolgerungen nicht mit herangezogen. Das ist falsch, erscheint jedoch verständlich, da aus der Arbeit zu entnehmen ist, daß in keinem Fall beim Übergang zu einem Massenabbauverfahren das Aufbereitungs-

oder Verhüttungsverfahren geändert bzw. kostengünstiger gestaltet wurde. (Daß die Kostenhöhe der Verarbeitung, hier abhängig von der Einführung oder Verbesserung eines Aufbereitungsverfahrens, eine erhebliche Rolle spielt, war auch dem Autor klar, wie aus seinen schon erwähnten Schlußfolgerungen hervorgeht, in denen er die Anwendung der Schweretrennung fordert.) Auf den vom Autor genannten Gruben wurde demnach versucht, die zwangsläufige Verringerung des Metallgehalts im Fördererz beim Übergang zum Massenabbau ausschließlich (oder jedenfalls zum überwiegenden Teil) durch eine Selbstkostensenkung bei der Gewinnung auszugleichen. Inwieweit ein solcher Ausgleich — bei gleichbleibender Metallmenge im Fördererz in der Zeiteinheit — eintritt, hängt allgemein von der relativen Senkung des Metallgehalts, von der relativen Senkung der Gewinnungskosten (jeweils auf den Stand vor Beginn des Massenabbaus bezogen, der hier kostenmäßig als Vergleichsbasis dient) und ferner vom ursprünglichen Verhältnis der Gewinnungs- zu den Verarbeitungskosten ab. Es läßt sich zeigen, daß ein Kostenausgleich, falls nur die beiden erwähnten Faktoren wirken, erst dann eintritt, wenn die Gewinnungskosten annähernd um $(n + 1)$mal schneller sinken als der Metallgehalt, wobei $1:n$ das ursprüngliche Verhältnis der Gewinnungs- zu den Verarbeitungskosten darstellt (hierbei kann n auch kleiner als 1 sein, d. h. die Gewinnungskosten größer als die Verarbeitungskosten). Bei einem Verhältnis von 1:2 müssen also die Gewinnungskosten etwa dreimal so schnell sinken wie der Metallgehalt. Der Grund dafür liegt darin, daß sonst die durch die größere Fördermenge erhöhten Verarbeitungskosten nicht ausgeglichen werden. Man sieht — wenn man annimmt, daß die Verarbeitungskosten jeweils etwa den durchgesetzten Mengen proportional sind —, daß bei direkter Verhüttung, d. h. bei einem kleinen $1:n$, praktisch keine Möglichkeit besteht, ohne Kostenerhöhung für das Endprodukt den Metallgehalt im Fördererz zu senken, daß aber auch bei Bestehen einer Aufbereitung (hier gelten als Verarbeitungskosten die Aufbereitungskosten, da sich bei gleichbleibendem Ausbringen und Konzentratgehalt keine Kostenauswirkungen auf die Hüttenseite ergeben) das Verhältnis $1:n$ zwar größer und damit günstiger wird, den Möglichkeiten einer Senkung der Metallgehalte aber trotzdem klare Grenzen gesetzt sind. Eine Senkung der Gewinnungskosten um 50% gestattet bei ursprünglichen Verhältnissen der Gewinnungs- zu den Verarbeitungskosten von 1:1 bzw. 1:2 eine Senkung des Metallgehalts des Fördererzes nur um 25 bzw. 17%. (Diese Werte werden noch geringer, wenn man bedenkt, daß bei ärmeren Erzen oft das Ausbringen bei der Verarbeitung sinkt.) Nach Nowoshilow lag die Senkung des Metallgehalts bei den von ihm angeführten Beispielen jedoch z. T. wesentlich höher, bis über 50%. Es folgt daraus, daß solche erheblichen Senkungen des Metallgehalts im Fördererz selbst bei ebenfalls erheblicher Senkung der Gewinnungskosten nur durch eine gleichzeitige Verringerung der Verarbeitungskosten vollständig ausgeglichen werden können. Damit erscheint auch der Fall möglich, daß man bewußt auf die Anwendung eines hochleistungsfähigen Abbauverfahrens verzichten muß (z. B. bei Nichtaufbereitbarkeit des Rohstoffs), weil dadurch die Selbstkosten für das Endprodukt steigen.

Die Bedingungen für die Erfüllung der genannten Forderung — Verringerung der Verarbeitungskosten — sind beim Übergang zum Massenabbau von armen Erzen jedoch zumindest in einer Hinsicht günstig: Da sich — bei gleicher oder steigender Metallproduktion — die Fördermengen unter Umständen beträchtlich erhöhen (bis auf das Dreifache und mehr), ist eine umfassende Erweiterung der bestehenden Verarbeitungsanlagen notwendig, wobei die Anwendung neuer verbesserter und kostengünstigerer Verfahren schon bei deren Projektierung berücksichtigt werden kann.

Es zeigt sich damit, daß der Massenabbau armer Erze unter Beachtung der genannten Forderungen durchaus ökonomisch, d. h. bei Einhaltung oder sogar Unterschreitung der früheren Selbstkosten, durchgeführt werden kann. In einem anderen Diskussionsbeitrag zum Artikel von Nowoshilow ist dafür auch eine ganze Reihe praktischer Beispiele angeführt.

Damit erscheint auch die Forderung von Nowoshilow, anstelle des Massenabbaus von Armerzen neue Gruben mit reicheren Erzen in Förderung zu nehmen, in anderem Licht. Abgesehen davon, daß eine solche erkundete Lagerstätte nicht immer zur Verfügung stehen wird (bei rohstoffarmen Ländern sicher nur in wenigen Fällen), wie auch die allgemeine Entwicklung zum Abbau von ärmeren Erzen hin beweist, wird in vielen Fällen die Erweiterung einer bestehenden Anlage ökonomisch günstiger sein als die Errichtung einer neuen, da — bei jeweils gleicher Produktionskapazität — die aufzuwendenden Mittel wesentlich kleiner sein werden und auch weitaus schneller rückfließen.

An dieser Stelle sei darauf hingewiesen, daß für richtige Entscheidungen zur Ermittlung der optimalen Variante der Befriedigung des Bedarfs der Volkswirtschaft an einem bestimmten Produkt zur Lösung der von Nowoshilow aufgeworfenen Fragen — Einbeziehung von Armerzen in die Gewinnung, Stillegung von bestehenden Produktionskapazitäten und Errichtung von neuen, ferner unter Umständen Veränderung der Produktionsauflage bestehender Betriebe — in vielen Fällen die Kenntnis aller gegenwärtigen und auch zukünftigen Möglichkeiten der Bedarfsdeckung durch eigenes Aufkommen oder Importe die Voraussetzung ist. Solche Entscheidungen sind damit Sache der staatlichen Planungs- und Leitungsorgane der Volkswirtschaft.

Aufgabe der Betriebe, Kombinate und Trusts ist es im wesentlichen, für die von den staatlichen Organen oder von ihnen selbst für notwendig oder zweckmäßig gehaltenen Veränderungen in der Produktion die in der Praxis möglichen Varianten und deren ökonomische Wirkungen zu ermitteln. Hinsichtlich der Wirkung sind dabei einige allgemeine Forderungen zu beachten, wie Einhaltung oder Unterschreitung der bisherigen Selbstkostenhöhe für das Endprodukt und Einhaltung oder Erhöhung des bisherigen Produktionsvolumens. Nowoshilow hat also grundsätzlich recht, wenn er die Wirkung der in der Produktion vorgenommenen Veränderungen an den Veränderungen der Kosten und des Produktionsvolumens mißt.

Bei Erfüllung der erwähnten Forderungen (zumindest Einhaltung der früheren Selbstkosten und der Produktionshöhe an Metall) wird eine Entscheidung über Einbeziehung von Armerzen in den Abbau nicht schwierig sein, genausowenig wie dann, wenn der Bedarf der Volkswirtschaft so hoch ist (und keine andere Möglichkeit der Bedarfsdeckung aus reichen Lagerstätten oder Importen besteht), daß die zusätzliche Einbeziehung von Armerzen trotz erhöhter Produktionskosten notwendig ist, oder wenn sicher erscheint, daß infolge der Begrenztheit der Vorkommen bzw. Vorräte des Rohstoffs diese sowieso in nächster Zeit abgebaut werden müßten. Scheinbare Schwierigkeiten werden nur dann auftreten — und dieser Fall ist auch bei Nowoshilow angeführt —, wenn die genannten Voraussetzungen nicht erfüllt sind, also Möglichkeiten einer anderen rentableren Bedarfsbedeckung bestehen (unter Berücksichtigung aller ökonomischen Auswirkungen einer Einstellung der Produktion auf diesen Gruben für den Industriezweig) und als Argument lediglich die Verlängerung der Lebensdauer des bestehenden Betriebes durch den Abbau der Armerze vorgebracht werden kann. Hier wird der Betrieb dann tatsächlich — nach Nowoshilow — im wesentlichen nicht so sehr Produzent von Metall als Produzent von Verlusten. In diesem Falle sollten die betreffenden Gruben stillgelegt werden.

Auch das Argument, daß beim selektiven Abbau der reicheren Erze die Armerzpartien unwiederbringlich verlorengehen, ist — solange bei Einbeziehung dieser Armerze die Kosten des Endprodukts erheblich höher werden — nicht überzeugend, wenn der Bedarf der Volkswirtschaft gegenwärtig und auch zukünftig auf längere Zeit ökonomisch günstiger befriedigt werden kann. Die erhöhten Produktionskosten hemmen die Entwicklung der Volkswirtschaft; die Gewinnung der Armerze wäre hier ein Vorgang, der sich gar nicht aus der Notwendigkeit der Bedarfsdeckung ergibt, sondern durch Argumente des Lagerstättenschutzes begründet wird, die aber — es sei nur auf die Auffindung oder Herstellung von Ersatzstoffen hingewiesen — nicht stichhaltig zu sein brauchen. Eine Mitgewinnung der Armerze wird auf jeden Fall dann ökonomisch unvertretbar, wenn diese (für jeweils das ganze Staats- oder Wirtschaftsgebiet) mengenmäßig relativ groß sind, wenn also bei einem gegenwärtigen selektiven Abbau sowieso nur ein geringer Teil dieser Armerze unwiederbringlich verlorengeht.

Völlig einverstanden muß man mit der Forderung von Nowoshilow sein, durch gegebenenfalls drastische Maßnahmen auch bei einem Massenabbau die Verdünnung so gering wie möglich zu halten. Die Ermittlung des Betriebsergebnisses kann zur Erreichung dieses Ziels dabei entweder — wenn Grube und Aufbereitung eine Produktionseinheit bilden — über die Metallmenge im Konzentrat oder — bei getrennter Ermittlung — über die Fördermenge als quantitative und den Metallgehalt des Fördererzes als qualitative (Qualitäts-)Kennziffer erfolgen.

III. Informationstagung über die Anwendung der Röntgenspektralanalyse

Rolf Schindler, Berlin

Die von der C. H. F. Müller G. m. b. H., Hamburg, veranstaltete Tagung fand vom 24.—26. 2. 1964 im Eduard-Zintl-Institut der Technischen Hochschule Darmstadt unter Leitung von Herrn Prof. Dr. H. Witte statt.

Die Tagung, an der etwa 200 Wissenschaftler aus Industrie und Forschung teilnahmen, stellt im wesentlichen einen Erfahrungsaustausch dar. Neue Erkenntnisse sowohl auf dem Gebiet der Anwendungsmöglichkeiten als auch der apparativ-technischen Weiterentwicklung dieses modernen Analysenverfahrens standen zur Diskussion. In 23 Vorträgen, die von namhaften Fachleuten Westdeutschlands, Schwedens und der Schweiz gehalten wurden, erhielt man Einblick in die vielseitigen Einsatzmöglichkeiten und Anwendungsprobleme der Röntgenspektrometrie in der Stahl- und Eisenindustrie, Aluminiumindustrie, Kalk-Stickstoff-Fabrikation, Zementindustrie, Steine- und Erden-Industrie und dem Bergbau bei der Analyse von Rohstoffen und Fertigprodukten.

Die Grundthemen der Tagung waren die Probenvorbereitung, die Erfassung und Berücksichtigung der Störeinflüsse durch Matrix-Effekte (Absorption, zusätzliche Anregung in der Probe), die Eichung und das Leistungsvermögen dieses physikalischen Analysenverfahrens gegenüber bekannten chemischen Bestimmungsmethoden. Die Schnelligkeit und dennoch dabei erreichbare Genauigkeit der analytischen Bestimmungen, bei meist gleichzeitiger Arbeitskräfteeinsparung sind bestimmend für den raschen Eingang, den diese zum Teil recht kostspieligen Geräte in die verschiedensten Laboratorien gefunden haben.

Die Entwicklung automatischer und transistorisierter Röntgenspektrometer und die Herstellung von Hochleistungs-Spektralanalysenröhren für 100 kV und 2 kW ermöglichen immer mehr die Produktionskontrolle (z. T. kontinuierlich) und schwierige analytische Probleme bis in den Spurenbereich hinein mit Hilfe der Röntgenfluoreszenzanalyse zu lösen. Gemäß einer Mitteilung des wissenschaftlichen Leiters des Philips-Forschungszentrums Eindhoven (Holland) (siehe „Anal. chem.", Vol. 36, No. 2, 1964) ist es kürzlich auch gelungen, über die bisher als Grenze angesehene O.Z. 11 (Na) hinaus die Fluoreszenzstrahlung zu erregen und zu registrieren. Mit speziell dazu entwickelten Röntgenröhren mit Al-, Cu- und Ag-Anoden und Verwendung von Stearaten als Analysatorkristallen können nunmehr auch die Elemente bis zum Kohlenstoff (O.Z. 6) röntgenspektrometrisch erfaßt werden. Natürlich erfordert die Registrierung dieser langwelligen Fluoreszenzstrahlung (> 12 Å) wesentlich größeren apparativen Aufwand. Doch auch an dieser Entwicklung ist abzusehen, daß die physikalisch-meßtechnischen Analysenmethoden weiterhin entwicklungsfähig sind und daß besonders ihre Eigenschaft, sich relativ gut automatisieren zu lassen, dem Bestreben der Arbeitsproduktivitätserhöhung entgegenkommt.

Besprechungen und Referate

Erste Resultate einer 7000-m-Bohrung in der Kaspischen Senke

„Erdöl- u. Erdgasgeol.", Moskau, Nr. 43 (1963)

Wasiljew, J. M., N. B. Gibschman, E. K. Kan, A. A. Koptelzew, K. A. Li & M. M. Tscharygin

Am 4. Oktober 1961 wurde in der UdSSR die erste Tiefbohrung auf eine Projektteufe von 7000 m begonnen. Sie befindet sich im zentralen Teil der Kaspischen Senke und wurde angelegt im Bereich des ausgedehnten Gravitationsmaximums von Aral-Sor, in einer Zone intensiver Gasaustritte in der Nähe der größten Gaslagerstätten des Mittleren Wolgagebiets. Die Bohrung hat die Aufgabe, den ganzen Komplex der Übersalzablagerungen (einschließlich des fast unerkundeten Perm-Trias-Komplexes), die Salzablagerungen und die Untersalzablagerungen des Paläozoikums soweit wie technisch möglich zu durchteufen.

Später soll diese Bohrung bis 12—15 km vertieft bzw. eine neue Bohrung auf diese Teufe angesetzt werden. Sie dient der Erkundung der gesamten Sedimentdecke im Bereich einer der tiefsten tektonischen Depressionen der Erde. Außerdem sollen folgende Fragen gelöst werden: die lithologisch-fazielle Zusammensetzung und die physikalischen Eigenschaften der Gesteine in bedeutenden Teufen unter den Bedingungen hoher Temperaturen und großer Drücke; die geologische und die physikalische Deutung der wichtigsten Horizonte, die durch geophysikalische Untersuchungen in Teufen bis zu 15 km fixiert wurden; die Erdöl- und Erdgashöffigkeit und die Migrationsbedingungen der Kohlenwasserstoffe in tiefen Zonen; die Perspektiven der Nutzung mineralischer Rohstoffe und energetischer Reserven des Erdinneren.

Beim Niederbringen der 7000-m-Bohrung wurde von 0—84 m ein Standrohr von 24″ gesetzt, anschließend bis zu einer Teufe von 756 m mit $16^3/_4$″ verrohrt und zementiert.

Dieses Intervall ist paläontologisch bereits untersucht und ausgewertet. Durchteuft wurde bis zu diesem Zeitpunkt folgendes Profil: Quartär 0—85 m, Oberpliozän (wird unterteilt in Apscheron — 260 m mächtig — und Aktschagyl 155 m), oberes Eozän (230 m), mittleres Eozän (vorläufig 26 m). Die einzelnen Schichten sind in dem Artikel lithologisch und paläontologisch beschrieben.

Die Bohrarbeiten verlaufen erfolgreich. Im November 1963 stand die Bohrung bei 4300 m. H.-J. Kamps

Gumulczinski, J., & M. Czerwinska

Rezepturen für die Zementation von Bohrlöchern bis 4500 m Teufe

„Nafta", Warschau 1963, 8, S. 182—186

Überall in der Welt ist eine Zunahme der Bohrlochteufen zu verzeichnen, die Untersuchungen über den Einsatz von Zementmaterialien in großen Teufen erforderlich macht. In Polen begannen diese Arbeiten 1961 mit der Konstruktion entsprechender Geräte zur Bestimmung der Abbinde- und Versteifungszeiten unter Bohrlochbedingungen.

Es wurden für Bohrlochtiefen bis 4500 m entsprechend den geologischen Verhältnissen zwei verschiedene Rezepturen erarbeitet für Salzformationen und solche, die kein Salz enthalten.

Verwendet wurde Portlandzement Saturn 350, an dem die erforderlichen Parameter bis zu Temperaturen von 160 °C bestimmt wurden. Als Verzögerer dienen Weinsäure und Borsäure. Der Einfluß des Drucks auf die Abbindezeit wurde ebenfalls untersucht.

Die Untersuchungen zeigen, daß salzgesättigte Zemente (25% NaCl) mit Weinsäure als Verzögerer bei ansteigenden Temperaturen keine Verschlechterung der Festigkeitseigenschaften aufweisen. Diese Prüfungen wurden jedoch nicht über längere Zeiträume durchgeführt. Zusätze von Diatomeenerde zu salzgesättigten Zementen wirkten sich nicht positiv auf die Eigenschaften aus. Bei Zugabe von Carnallit an Stelle von NaCl werden die Eigenschaften nur geringfügig geändert.

Bei normalen Zementschlämmen wurden die gleichen Verzögerer erfolgreich eingesetzt. Bei Temperaturen über 100–120 °C wird der bekannte Festigkeitsrückgang beobachtet. Bis zu Temperaturen von 150 °C sind die mechanischen Eigenschaften des Zementes noch zufriedenstellend, so daß dieser Zement ohne Schwierigkeiten bis zu Teufen von 4500 m eingesetzt werden kann. K. Schulze

Beckmann, H.

Geologische Bedeutung der gasmeßtechnischen Spülungsüberwachung von Erdölbohrungen

„Bergbauwissenschaften", **10** (1963), 11/12, S. 249–261

Die Kontrolle des Gasgehalts der Spülung von Tiefbohrungen geschah ursprünglich nur aus Sicherheitsgründen, um die durch Gasanreicherungen verursachten Eruptionsgefahren rechtzeitig erkennen und durch Gegenmaßnahmen auffangen zu können. Für diese Zwecke sind u. a. selbstschreibende Monogeräte im Gebrauch, die ein Alarmsignal auslösen, wenn eine eingestellte Konzentration des aus der Spülung abgesaugten Gases erreicht bzw. überschritten wird. Ausgehend von dem Gedanken, beim Auftreten interessant erscheinender „Gasspitzen" Proben zu entnehmen und diese zu analysieren, wurden eine Reihe weiterer Geräte entwickelt, die ein „mud logging" im eigentlichen Sinn ermöglichen. Vorzugsweise werden Gaschromatographen verwendet. Die gefundene Gaszusammensetzung, z. B. das Methan:Propan-Verhältnis oder überhaupt die Anteile der niederen Kohlenwasserstoffe vom Methan bis zum Butan oder Hexan, lassen Rückschlüsse auf die Art der Porenfüllung (Öl, Gas, Kondensat) durchbohrter Speichergesteine zu. Fehldeutungen können entstehen, wenn versucht wird, aus der Stärke der Gasanzeichen auf die später mögliche Produktion zu schließen, oder wenn mehrere Gasspeicher nacheinander durchbohrt sind, ohne daß die oberen durch die Verrohrung isoliert werden. Der Einsatz modernster, automatisch arbeitender Geräte wird besonders für aufwendige tiefe und übertiefe Bohrungen empfohlen.

K. Lehnert

Rehak, P. I.

Identifikation von Kohlenflözen nach der Aschenfarbe

„Uhli" („Kohle"), Nr. 10, 1962

In der Kohlenforschungsstelle in Ostrava (ČSSR) wurde eine Methode erarbeitet, die Identifizierung und Korrelation von Kohlenflözen, die in Querschlägen und Bohrlöchern oft sehr schwierig ist, nach der Aschenfarbe vorzunehmen. Da die Aschen der Flöze die verschiedensten Farben haben — rot, weiß, violett, braun, grünlich usw. —, die von der chemischen Zusammensetzung, besonders vom Gehalt an Eisen, Kaolin, Mangan usw., abhängig sind, die Farbe eines Flözes sich jedoch auf einige Entfernung nur geringfügig ändert, bemühte man sich in Ostrava um ein möglichst einfaches und wenig Aufwand erforderndes Verfahren der Farbbestimmung zur Korrelation der Flöze. Der Verf. beschreibt dieses Verfahren.

Der leitende Gesichtspunkt war, daß eine Farbbestimmung durch den unmittelbaren Vergleich von Farben mit Aschenproben, die, in Glasampullen auf einem Brett befestigt, in einer stratigraphischen Skala angeordnet sind, am zuverlässigsten ist, während eine Beschreibung der Farben zu ungenau ist. Es wurden 45 × 8 mm große Ampullen aus dem gleichen klaren Glas verwendet und die Skala so eingerichtet, daß sie durch neu auftretende Farben ergänzt werden konnte. Die Proben müssen jeweils in kleinen Mengen aus einem ganzen Profil senkrecht zur Flözrichtung entnommen und im Laborofen unter den gleichen Bedingungen wie bei der Bestimmung des prozentualen Aschengehalts verbrannt werden. Auch das Brechen der Probe, die Homogenisierung und das Vierteln müssen der Norm entsprechen. Zwischenmittel im Flöz müssen möglichst beseitigt werden, und zwar bei sämtlichen Entnahmen aus dem Flöz. Ist ein Flöz an einer Stelle in zwei Bänke gespalten, so werden die Proben aus beiden Teilen entnommen und vermischt. Stark verwitterte Stellen werden vermieden.

Es kann auch von einer Leitschicht aus die Änderung der Aschenzusammensetzung der einzelnen Flöze nach dem Hangenden oder dem Liegenden hin verfolgt werden. Die benachbarte Lokalität wird dann auf dieselbe Folge der Aschenfarben hin untersucht.

Die Methode ist, wie der Verf. sagt, nur eine Hilfsmethode, die aber schnell und billig sei. Über ihre Anwendbarkeit könne erst nach den Ergebnissen aus einem ganzen Revier, insbesondere nach in Gruben entnommenen Schlitzproben, entschieden werden. Leider berichtet der Artikel nicht über die bisher erzielten Ergebnisse. H. Havemann

Hoppe, G.

Die Verwendbarkeit morphologischer Erscheinungen an akzessorischen Zirkonen für petrogenetische Auswertungen

Akademie-Verlag, Berlin 1963

Grundlage dieser Arbeit ist die Tatsache, daß Zirkone endogene, gesteinsbildende Prozesse im festen Zustand überdauern können. Eine Analyse der systematisierten morphologischen Erscheinungsformen, insbesondere des Zirkonaltbestandes, läßt z. B. bei Graniten metamorpher Entstehung in günstigen Fällen Rückschlüsse auf den Charakter des Ausgangsgesteins zu. Der Nachweis von Zirkonaltbestand kann durch Auffinden morphologischer Erscheinungen, die dem autigenen Weiterwachstum sedimentärer Minerale entsprechen sowie durch zu hohe Alterswerte — bestimmt an akzessorischen Zirkonen — als erbracht angesehen werden.

Für die petrogenetische Auswertung und Deutung der morphologischen Erscheinungsformen wurden sowohl der absolute Zirkongehalt als auch eine quantitative Formanalyse nach folgendem Schema durchgeführt:

A_1 vollständige Kristallformen — gesamt und davon Neuwachstum

A_2 unvollständige Kristallformen mit Anzeichen für
- a) Bruch
- b) Rundung
- c) Behinderung durch Kristalle
- d) Behinderung durch rundl. Substanz
- e) Gestörtes Wachstum, zonar
- f) Gestörtes Wachstum, rund
- g) Korrosion
- h) Aggregatbildung
- i) Auswachsungen
- j) Xenotim-Zirkon-Verwachsungen

A_3 Keine Kristallformen mit Anzeichen für: wie A_{2a-j}

B Frischer Bruch

(A_2 bis B: gesamt und davon mit Neuwachstum)

Außerdem werden für die Auswertung einige besondere Erscheinungen summiert.

Da nahezu ausnahmslos frische Gesteinsproben Verwendung fanden, ist einer besonders schonenden Aufbereitung und den dennoch möglichen Fehlerquellen zur Vermeidung von Verfälschungen große Aufmerksamkeit gewidmet worden.

Das Problem dieser Untersuchungen liegt sowohl in der Erkennung der Formen als auch in deren petrogenetischen Deutung. An dieser Stelle sei nur auf die Erkennbarkeit des Zirkonaltbestandes verwiesen, der sich beim Fehlen von Lichtbrechungsunterschieden, von Verunreinigungen an der Oberfläche der Kerne und von Einschlüssen (Blasen, Schläuchen, Kristallen) im Kern oder Mantel der Beobachtung entzieht und zu einer Verfälschung des Bildes von z. T. unbekanntem Ausmaß führt. Auch die Deutung des Altbestandes bereitet Schwierigkeiten, insbesondere bei idiomorphen Kernen. Hier erhebt sich die Frage, ob zwischen der Bildung des Kerns und der des Mantels wesentliche — eventuell geologische — Zeiträume liegen (echter Altbestand) oder nicht (Kern und Mantel Produkt der gleichen Gesteinsbildungsphase).

Das Zählschema wurde auf saure bis intermediäre Tiefen- und Ergußgesteine sowie auf einige metamorphe Gesteine des Harzes, des Thüringer Waldes, der Umgebung von Halle und Sachsens angewendet.

Als Beispiel der petrogenetischen Aussagekraft der Formanalyse seien hier die bereits zusammengefaßten Ergebnisse der an Quarzporphyren erfolgten Untersuchungen angeführt.

Als gemeinsame Merkmale der Quarzporphyre sind zu nennen:

1. äußere Form; 1.1. Wachstumsbehinderung durch kristallin begrenzte und rundliche Substanzen (Häufigkeit 10—50%); 1.2. Kristalle mit ebenen Flächen [(vorherrschend (110), (111)] und scharfen Kanten.

2. Zirkonaltbestand ist in allen Quarzporphyren nachgewiesen worden. Solche Zirkone sind durch relativ große Gas- und Flüssigkeitseinschlüsse charakterisiert.

Eine petrogenetische Auswertung läßt sich anhand des Altbestandes und der hier recht zahlreichen Einschlüsse vornehmen. Die Bedeutung des Zirkonaltbestandes ist in engem Zusammenhang mit den absoluten Zirkongehalten des Gesteins zu sehen. In einigen Proben ist der Zirkongehalt so gering, daß eine Formanalyse nicht möglich war. Der Zirkonaltbestand anderer Proben läßt auf Grund der geringen Gehalte gesteinsgenetische Aussagen nur im Zusammenhang mit den mutmaßlichen Liefergesteinen zu. Bei Quarzporphyren mit hohen Zirkongehalten (Hallesche, Rochlitzer u. a.) hat der Altbestand gesteinsgenetische Bedeutung. Für diese Gesteine kommt eine starke Verunreinigung durch aufgenommene Nebengesteine oder sogar vollständige metamorphe Entstehung in Betracht.

Die erwähnten Blasen und Schläuche im Innern der Zirkone enthalten Gase, Flüssigkeiten und kommen auch zweiphasig vor. Sie heften sich häufig an feste Substanzen, andere Fremdeinschlüsse und an Zirkonaltbestand an und werden beim Weiterwachsen umwachsen. Dieser Tatbestand weist auf die Effusivnatur der Quarzporphyre hin und legt die Bildung der Zirkone in das Stadium der Druckentlastung.

Auf die übrigen Ergebnisse sei hier nur verwiesen.

In einem gesonderten Teil der Arbeit wird versucht, durch Kombination des Längen-Breiten-Verhältnisses mit den Zirkonformen die Aussagekraft der L:B-Statistik zu überprüfen. Es wurde festgestellt, daß ihre Aussagekraft durch zu viele Konvergenzerscheinungen stark beeinträchtigt wird.

Die sowohl im methodischen Teil als auch in der Auswertung und Deutung von einem sehr kritischen Standpunkt durchgeführte Arbeit konnte durch Vergleich verschiedener Gesteine Abhängigkeiten der Zirkonformen von der Gesteinsart nachweisen.

Insbesondere sind viel Ansatzpunkte für weitere Arbeiten, die sich z. T. bereits in Durchführung befinden, gegeben. Hierbei werden sicherlich auch statistische Gesichtspunkte berücksichtigt werden, die der Angleichung der Probenzahl an die Heterogenität eines Gesteinskomplexes dienen werden.

K.-H. Illers

Christov, I. & W. Panajotov

Über einige Gesetzmäßigkeiten in den quantitativen Beziehungen zwischen verschiedenen Elementen in den Erzen der Lagerstätte Kremikowzi

Godišnik na Minno-Geoložkija institut, Sofia 1962, VII (1960—1961), 2, S. 399—415, 11 Abb., 8 Tab.

Die Lagerstätte Kremikowzi liegt 18 km östlich Sofia an den ersten südlichen Ausläufern des Balkangebirges. Sie nimmt eine Fläche von 1,3 km² ein. Die größte Ost—West-Erstreckung beträgt 1,7 km, die größte Breite 0,6—1,0 km. Das Erzlager hat Linsenform und fällt nach Süden ein; die größte Mächtigkeit beträgt 270 m, im Mittel 65 m. Die Lagerstätte hat Eisenerzvorräte von ca. 250 Millionen t.

Der Aufbau des Erzkörpers ist komplex: Den Hauptanteil haben Eisenerze (Limonit, Siderit, Hämatit), sie enthalten bedeutende Mengen Mangan, Baryt, Zink und weniger Kupfer. Zwischen den Erzkörpern und im Hangenden befinden sich größere Barytkörper und zinkhaltige Dolomite.

Von den Eisenerzen besitzt das Limoniterz die größte Mächtigkeit. Es bildet sich infolge der Oxydation von Siderit; zwischen beiden bestehen fließende Übergänge. Siderit sitzt an den äußersten Flanken des Erzkörpers. In geringen Mengen kommt auch Hämatit vor, der im nördlichen und westlichen Lagerstättenteil separate Erzlinsen bildet. Baryt bildet im Siderit- und Limoniterz unregelmäßig geformte Körper.

Die Eisenerzlagerstätte Kremikowzi bildete sich durch hydrothermale Metasomatose der tektonisch stark zerklüfteten mitteltriassischen Kalke und Dolomite. Die Erzbildung verlief in drei Stadien: Im ersten Karbonatstadium bildeten sich Manganosiderit I, Quarz und Kalzit. Im darauffolgenden Oxydstadium wurden Baryt und Hamätit abgeschieden. Auf tektonisch aufgerissenen, jüngeren Spalten setzten sich Siderit II, Baryt II, und das dritte Stadium wird durch Sulfide charakterisiert, die auf jüngsten Trümern Siderit und Baryt durchsetzen. Es sind vorwiegend Pyrit, Markasit, Chalkopyrit, Sphalerit, Tetraedrit, Galenit. Supergene Minerale der Oxydationszone sind Goethit, Lepidokrokit, Hämatit II, Psilomelan, Pyrolusit, Malachit u. a.

Bei der Erkundung wurden zwischen einzelnen Elementen, deren Gehalte aus der chemischen Analyse berechnet wurden, bestimmte Abhängigkeiten festgestellt. Diese Wechselbeziehungen wurden bei der weiteren Suche angewandt.

Die wirtschaftlich wichtigen Erztypen sind: Hämatiterz mit Fe-Gehalten von 27 bis 63%; Limoniterz mit Fe-Gehalten von 20 bis 50%; Sideriterz mit Fe-Gehalten von 16 bis 28%.

1. Verhältnis Mangan : Eisen

Im Hämatiterz bestehen keine Abhängigkeiten. Im Limoniterz besteht die Beziehung $Mn = 0{,}291 \cdot Fe - 1{,}7$. Im Sideriterz: $Mn = 0{,}527 \cdot Fe - 5{,}9$. Das Verhältnis Fe:Mn im primär-hydrothermalen Erz beträgt durchschnittlich 2,5:1 bis 5,5:1, nur in Einzelfällen 12:1. Im supergen veränderten Erz verringert sich das Verhältnis auf 2,7:1 bis 4,5:1, in Einzelfällen 25:1.

2. Verhältnis Baryt : Eisen

Im Hämatiterz: $BaSO_4 = 36{,}3 - 0{,}517 \cdot Fe$. Im Limoniterz: $BaSO_4 = 48{,}9 - 0{,}922 \cdot Fe$. Im Sideriterz: $BaSO_4 = 67{,}1 - 2{,}134 \cdot Fe$.

3. Verhältnis (CaO + MgO) : Eisen

Im Hämatiterz: $CaO + MgO = 34{,}7 - 0{,}559 \cdot Fe$. Im Limoniterz: $CaO + MgO = 21{,}2 - 0{,}398 \cdot Fe$. Im Sideriterz: keine Abhängigkeiten.

4. Verhältnis Baryt: (CaO + MgO)

Im Sideriterz: $31{,}4 - 1{,}96 \cdot (CaO + MgO)$. Im Hämatit- und Limoniterz gibt es keine gesetzmäßigen Abhängigkeiten.

5. Verhältnis ($Fe + Mn + BaSO_4$): (CaO + MgO)

Im Hämatiterz: $Fe + Mn + BaSO_4 = 66{,}5 - 1{,}40\,(MgO + CaO)$. Im Limoniterz: $Fe + Mn + BaSO_4 = 61{,}0 - 1{,}09\,(MgO + CaO)$. Im Sideriterz: $Fe + Mn + BaSO_4 = 58{,}8 - 1{,}82\,(MgO + CaO)$.

Bei einem bestimmten Eisen-Gehalt können nach diesen Formeln die mittleren Gehalte von Mangan, Baryt und CaO + MgO mit folgenden mittleren Fehlern m berechnet werden: Mangan im Sideriterz: $m_S = \pm 1\%$, im Limoniterz: $m_L = \pm 0{,}8\%$. Baryt im Sideriterz: $m_S = \pm 3{,}2\%$, im Limoniterz: $m_L = \pm 3\%$, im Hämatiterz: $m_H = \pm 5{,}4$. CaO + MgO im Hämatiterz: $m_H = \pm 4{,}6\%$, im Limoniterz: $m_L = \pm 7\%$.

Bei bestimmten Gehalten an CaO + MgO kann der mittlere Gehalt an folgenden Komponenten mit dem mittleren Fehler m berechnet werden: Baryt im Sideriterz: $m_S = \pm 13{,}6\%$, ($Fe + Mn + BaSO_4$) im Hämatiterz: $m_H = \pm 8{,}6\%$, im Limoniterz: $m_L = \pm 4{,}6\%$, im Sideriterz: $m_S = \pm 8\%$.

Auf Grund des aus der chemischen Analyse des Hämatiterzes berechneten Mangan-Gehalts kann festgestellt werden, ob es sich um primäres Erz (Mn-Gehalt 0,5 bis 1%) oder um umgelagertes Hämatiterz (Mn-Gehalt 8—10%) handelt. Die Berechnung der Variationskoeffizienten erlaubt die Einstufung der verschiedenen Erze in die von der Zentralen Vorratskomission festgelegten Vorratsklassifikation.

P. Krüger

Autorenkollektiv

Clays and clay minerals

(Proceedings of the eleventh national conference on clays and clay minerals)

„Pergamon Press" Oxford, London, New York, Paris 1963, 13, 368 S., £ 5 s.

Die elfte nationale Konferenz über Tone und Tonminerale, die zusammen mit kanadischen Organisationen in Ottawa abgehalten wurde, bringt wohl für fast jeden sich mit Tonen Beschäftigenden eine Fülle neuer Erkenntnisse und Anregungen.

Das Buch ist in zwei Teile, einen speziellen und einen allgemeinen Teil, gegliedert. Der spezielle Teil enthält ein Symposium über Umwandlungen von Tonmineralien. Die Übertragung der experimentell gewonnenen Daten auf die Natur gibt besonders dem Petrographen, Geologen und Bodenkundler die Erklärung für eine Reihe von Erscheinungen der Verwitterung und Diagenese.

So untersuchte ROSENQUIST mit deutorium- und tritiumhaltigem Wasser den Abbau von Muskovit zu Hydromuskovit. Herausgelöstes Kalium wird durch H_2O in den Zwischenschichten substituiert. Zum Ladungsausgleich muß in die Glimmerschicht ein Proton eintreten. Dafür bietet sich der freie Platz der Oktaederlücke des dioktaedrischen Muskovits an. Es bildet dann mit dem Sauerstoffatom an der Spitze des Tetraeders der Tetraederschicht eine OH-Gruppe, oder es entsteht eine Wasserstoffbrückenbindung zum gleichwertigen O-Atom der gegenüberliegenden Tetraederschicht. Die dioktaedrischen Hydromuskovite lassen sich so als Mischkristalle der idealen Endglieder $K\,Al_2[(OH)_2/AlSi_3O_{10}]$ und $H_2OAl_2[(OH)_3/AlSi_3O_9] = H_2O(Al_2H)\,[(OH)_2/AlSi_3O_{10}]$ darstellen. Diese Struktur macht verständlich, warum Illite bei einem K-Defizit 50% in montmorillonitische und illitische Mineralkomponenten zerfallen können.

Weitere Umwandlungserscheinungen der Glimmer, sowohl zum Montmorillonit als auch zum Kaolinit, untersuchte JACKSON. In dieser Arbeit findet sich auch eine Erklärung für das unterschiedliche Kationenaustauschvermögen der Montmorillonite gegenüber Kalium. Die durch Verwitterung von Muskovit entstandenen Montmorillonite enthalten noch Reststrukturen des Muskovits mit freien K-Plätzen. Im Gegensatz zu den aus der Verwitterung anderer Mineralien hervorgegangenen Montmorilloniten vermögen jene K wieder bevorzugt einzubauen.

Ein anderes bekanntes Problem des Montmorillonits, die Verbesserung der thixotropen Eigenschaften durch den Umbruch mit Soda, lösten MUNGAN & JESSEN durch Korngrößenuntersuchungen von Na- und Ca-Montmorilloniten und die Annahme einer neuen Struktur für Montmorillonit-Wasser-Gele. Na-Montmorillonite sind feinkörniger als Ca-Montmorillonite und bestehen im Gegensatz zu den zu mehreren Schichten aggregierten Ca-Montmorilloniten in Suspensionen aus Einzelschichten. Dadurch haben sie eine weitaus größere Oberfläche zur Wasseradsorption zur Verfügung, die freie Wassermenge ist geringer. Im Ruhezustand lagern sich die Montmorillonitpartikel zur sogen. „Scharnierstruktur" zusammen und bilden eine durchgehende feste Phase, während das Wasser in vielen abgeschlossenen Hohlräumen dieser Struktur isoliert ist. Wegen der feineren Zerteilung und entsprechend größeren Wasseradsorption der Na-Montmorillonite wird von diesen der thixotrope Zustand bei geringeren Feststoffkonzentrationen erreicht.

Diese kleine, besonders den geologisch-petrographisch Arbeitenden ansprechende Auswahl von Referaten muß zur Anregung genügen. Es sei noch darauf hingewiesen, daß mehrere Arbeiten über das mechanische Verhalten der Tone besonders für Ingenieurgeologen von speziellem Interesse sein dürften.

Eine Übersicht über die Aufsätze gibt das folgende Inhaltsverzeichnis:

Symposium über Tonmineralumwandlungen

Über die Natur der Tone (R. C. MACKENZIE). Zwischenlagerung quellfähiger Schichtsilikate in Böden durch chemische Verwitterung (M. L. JACKSON). Negative Ladung dioktaedrischer Glimmer in Abhängigkeit zur Verwitterung (M. C. COOK; C. I. RICH). Die Verwitterung des Granites von Stone Mountain (W. H. GRANT). Eigenschaften von 14-Å-Tonmineralen im B-Horizont podsolidierter Böden in Alberta (S. PAWLUK). Verwitterung und Sedimenttransport im Cheyenne River Basin, Ost-Wyoming (B. N. ROLFE; R. F. HADLEY). Feststoff/Gas-Grenzflächen bei Verwitterungsreaktionen (C. H. WAYMAN). Redox-Verhalten von Eisen in OH-Gruppen enthaltenden Silikaten (W. E. ADDISON; J. H. SHARP). Montmorillonit-Polyalkohol-Komplexe: Teil II (G. BRUNTON; R. TETTENHORST; C. W. BECK). Untersuchungen über die Lage und Beweglichkeit von H-Atomen in Hydroglimmern (I. Th. ROSENQUIST). Diagenese in Tonmineralen — Ein Überblick (W. D. KELLER). Hydrothermale Veränderungen rhyolithischer Gesteine der Castle Mountains, Kalifornien (H. HEYSTEK). Nicht-montmorillonitische Zusammensetzung einiger Bentonitlagerstätten (L. G. SCHULTZ). Die Verdichtung toniger Sedimente im Bereich der molekularen Teilchenabstände (H. v. OLPHEN). Stevensit und Talk — Hydrothermale Umwandlungsprodukte von Wollastonit (R. D. DERUDDER; C. W. BECK). Mineralogie ordovizischer K-Bentonite in Kentucky (W. D. HUFF). Tonmineraldiagenese im Rappahannock Ästuar: Eine Erklärung (B. W. NELSON). Tonbildung und -akkumulation in ausgewählten Böden aus Oklahoma (F. GRAY, L. W. REED; H. D. MOLTHAN).

Allgemeiner Teil

Untersuchungen über die Größe der Einheitszelle in Schichtgittersilikaten (E. W. RADOSLOVICH). Unterschiede im „Kristallinitäts"grad der Kaoline der Coastal Plain in Georgia und South Carolina (D. N. HINCKLEY). Bestimmung von Kaolinit in Gegenwart von Chlorit mittels Röntgendiffraktometrie und Infrarotabsorptionsspektren (H. KODAMA; K. OINUMA). Permeabilität und Eigenschaften der Salzfilterung von verdichteten Tonen (I. H. MILNE; J. G. MCKELVEY; R. P. TRUMP). Tonmineral-Effekte bei der Druck-Zug-Beanspruchung von Böden bei direkter Scherung (R. L. KONDNER; J. R. VENDRELL jr.). Quelldrücke von Na-Montmorillonit bei niederen Temperaturen (R. YONG; L. O. TAYLOR; B. P. WARKENTIER). Untersuchungen an fraktionierten Montmorillonit-Suspensionen (N. MUNGHAM; F. W. JESSEN). Null-Gradient der Konstanten der Rotationsdiffusion für einige polydisperse Tonminerallösungen (W. T. GRANQUIST; C. A. HOLLINGWORTH). Tonmineralogie in der Bauforschung (J. E. GILLOTT). Die Bildung von röntgenamorphen und kristallinen Aluminiumhydroxyden (PA HO HSU; T. F. BATES). Der Mechanismus der NH_3-Adsorption durch Montmorillonit und Kaolinit (D. W. JAMES; M. E. HARARD). Kationenaustausch in den Systemen Kaolinit — Eisenoxyd (G. W. THOMAS; A. R. SWOBODA). Die Bentonite von Cabo de Gata (Südostspanien) und aus der vulkanischen Provinz Guelaya (Nordmarokko) (J. L. MARTIN-VIVALDI).

Abschließend sei noch erwähnt, daß die breite und aktuelle Bedeutung des Themas „Ton", die u. a. auch in der Vielgestaltigkeit der hier vorgelegten Arbeiten ihren Ausdruck findet, das Nationale Komitee, wie im Vorwort des Buches vermerkt wird, veranlaßte, seine Arbeit in der Form einer Gesellschaft, der Clay Minerals Society, fortzuführen.

K. STEINIKE

SCHMITT, H. H.

Equilibrium Diagrams for Minerals at low Temperature and Pressure

Cambridge: Geological Club of Harvard 1962. 199 S.

Die vorliegende Zusammenstellung von Gleichgewichtsdiagrammen für Minerale baut auf den Daten und den Rechenmethoden auf, die von R. M. GARRELS 1960 in seinem „Mineral Equilibria" gegeben wurden. Es werden Partialdruckdiagramme (meist lg P_{O_2}, lg P_{S_2} bzw. lg P_{CO_2} als Veränderliche) für wäßrige und wasserfreie Systeme, Eh-pH-Diagramme und Blockdiagramme mit verschiedenen Veränderlichen bei Normalbedingungen abgebildet. Die Diagramme erlauben eine schnelle, für die idealisierten Verhältnisse gültige Orientierung über die Stabilität von Mineralphasen bei verschiedenen Bildungsbedingungen. An der Konstruktion der Diagramme haben eine Reihe von Wissenschaftlern mitgearbeitet. Die Zusammenstellung wäre von noch größerem Wert, wenn die den Berechnungen zugrunde liegenden Reaktionen und Gleichgewichtskonstanten mit angegeben und einige erläuternde Textzeilen hinzugefügt worden wären. Es werden die lagerstättengenetisch wichtigsten Elemente behandelt, besonders ausführlich die Erdalkalien, die Elemente der Eisengruppe und die Edelmetalle.

G. TISCHENDORF

RONNER, F.

Systematische Klassifikation der Massengesteine

Springer-Verlag, Wien 1963, 380 S., 85 Textabb., 98,40 DM

Die A. JOHANNSEN und W. E. TRÖGER gewidmete neue Klassifikation der Massengesteine stellt einen wohldurchdachten und nach Ansicht des Rezensenten gelungenen Versuch dar, Ordnung und Systematik in das heillose Durcheinander der Massengesteinsbezeichnung und Massengesteinseinteilung (Massengestein fast identisch mit Eruptivgestein) zu bringen. Der Autor erläutert, bei A. G. WERNER 1786/87 beginnend, mit großer Sachkenntnis die bisher vorgelegten, zahlreichen, auf den verschiedensten Prinzipien fußenden Gesteinsklassifikationen. Er bestreitet die Diskussion über das Für und Wider im wesentlichen mit Hilfe von Zitaten älterer führender Petrographen. Das vorliegende Buch kann als ein petrographischer Zitatenschatz bezeichnet werden; in ihm kommen alle jene zu Worte, die in der Vergangenheit oder Gegenwart etwas über die Prinzipien der Gesteinsklassifikation gesagt haben.

Das Werk RONNERS besteht aus zwei Teilen, der „Systematischen Klassifikation der Massengesteine auf physiographischer Grundlage" — a) Der Weg und die Grundlagen (S. 3—50), b) Spezieller Teil (S. 53—144) und dem Teil „Die bisherigen Systeme und kritische Stellungnahme" — a) Die qualitativen Systeme (149—256), b) Die quantitativen Systeme (259—356). Es kann nicht Aufgabe der Rezension sein, auf die Fülle aller Einzelheiten einzugehen; es sei nur auf einige immer wiederkehrende und von allen Seiten beleuchtete wesentliche Punkte eingegangen.

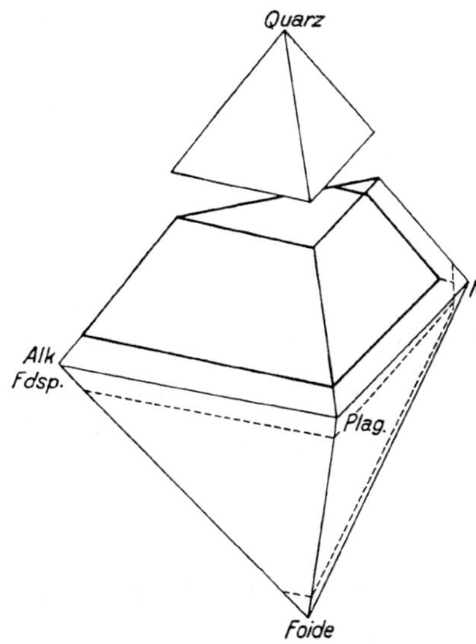

Der Chemismus eines Gesteins kann nach dem Autor kein Einteilungsprinzip sein, weil vom Petrographen notwendigerweise zu differenzierende Gesteine wie Basalt und Gabbro den gleichen Chemismus besitzen bzw. besitzen können. Auch die künstliche „Norm" nach CIPW stellt keine Lösung dar, da sich zahlreiche Mineralkombinationen gegenseitig ersetzen können, ohne daß sich der Stoff ändert, und, wie bei anderen chemischen Systemen, das Gefüge des zu klassifizierenden Gesteins nicht berücksichtigt wird. Viele Zitate werden angeführt, die sich gegen das Alter eines Gesteins als Klassifikationsprinzip wenden. Obwohl dieser Streit bereits um die Jahrhundertwende zu ungunsten des Altersprinzips ausgefochten schien, zitiert RONNER noch sieben Petrographen aus den 50er Jahren, die sich für das Alterskriterium einsetzen oder dieses selbst kritiklos verwenden.

Gruppenschema der Massengesteinsfamilien

	Mit Quarz	Kaum Quarz — kaum Foide	Mit Foiden
Nur Alk.-Fdsp.	Aplitgranite 3 (< 10 Maf.)	Aplosyenite 8 (< 10 Maf.)	Foidsyenite 23 (< 35 Maf.)
		Alkalisyenite 9 (10—35 Maf.)	Mesofoidsyenite 24 (35—50 Maf.)
	Alkaligranite 4 (> 10 Maf.)	Melaalkalisyenite 10 (35—90 Maf.)	Melafoidsyenite 25 (50—90 Maf.)
Alk.-Fdsp. > Plag.	Aplitgranite 3 (< 10 Maf.)	Leuko-Syenodiorite 11 (< 10 Maf.)	Foidsyeno-monzonite 26
	Alk.-Kalk- 5 granite (> 10 Maf.)	Kalk-Alkalisyenite 12 (> 10 Maf.)	
Alk.-Fdsp. ≅ Plag.	Aplitgranite 3 (< 10 Maf.)	Leuko-Syenodiorite 11 (< 10 Maf.)	Foidsyeno-monzonite 26
	Alk.-Kalk- 5 granite (> 10 Maf.)	Monzonite 13 (> 10 Maf.)	
Plag. > Alk.-Fdsp.	Aplitgranite 3 (< 10 Maf.)	Leuko-Syenodiorite 11 (< 10 Maf.)	Essexite 27
	Granodiorite 6 (> 10 Maf.)	Mangerite 14 (> 10 Maf.)	
Nur Plagioklas	Aplitgranite 3 (< 10 Maf.)	Plagioklasite 15 (< 10 Maf.)	Essexite 27
		Diorite 16 (An 10—45; 10—50 Maf.)	
		Mela-Diorite 17 (An 10—45; 50—65 Maf.)	
		Leuko-Gabbrodiorite 18 (An 45—55; 10—50 Maf.)	
	Quarzdiorite 7 (> 10 Maf.)	Mela-Gabbrodiorite 19 (An 45—55; 50—65 Maf.)	
		Leuko-Gabbros 20 (> An 55; 10—50 Maf.)	
		Gabbros 21 (> An 55; 50—65 Maf.)	
		Gabbromafitite 22 (65—90 Maf.)	
Kein Fdsp.	Perazidite 1 (Quarz > 50; wenig Fdsp.)	Peridotite 32 (vorw. Olivin)	Nephelinite 28 (vorw. Nephelin)
		Pyroxenite 33 (vorw. Pyroxen)	
		Amphibololithe 34 (vorw. Amphibol)	Leuzitite 29 (Analcimite) (vorw. Leuzit, Anal.)
		Glimmerite 35 (vorw. Glimmer)	
	Quarzmafitite 2 (50—90 Maf.)	Granatite 36 (vorw. Granat)	Sodalithite 30 (vorw. Sodalithe)
		Melilitholithe 37 (vorw. Melilith)	
		Karbonatite 38 (vorw. Karbonat)	Melilithfoidite 31 (Foide + Melilithe)
		Silikotelite 39 (vorw. Oxyde o. Sulfide)	

RONNER ist mit Recht gegen den Gebrauch von Lokalnamen in der Petrographie: Ein Name muß, ohne an das Gedächtnis übernormale Ansprüche zu stellen, sofort eine Assoziation über Mineralbestand, Mineralmengenverhältnis und das Gefüge hervorrufen. Weiterhin wird die Verwirrung bei der Sippenbezeichnung (atlantisch, pazifisch u. a.) und das Durcheinander im Gebrauch der Bezeichnungen „Reihe", „Art", „Vormacht" u. a. kritisch beleuchtet.

RONNER teilt in seiner Klassifikation die Massengesteine konsequent nach dem Modalbestand ein und unterscheidet, dem Gefüge Rechnung tragend, abyssische, hypabyssische und effusive Gesteine. Es werden ca. 900 Einzelgesteine in sieben Familiengruppen mit zusammen 39 Familien erfaßt.

Zeitschrift für angewandte Geologie, Bd. 10 (1964), Heft 6

Einteilungsprinzip für den Modalbestand sind: Quarz-, Alkalifeldspat-, Plagioklas-, Mafit- und Foidgehalt (siehe Tab.). Da sich Quarz und Foide in Gesteinen ausschließen, lassen sich die Familiengruppen bzw. Familien in Doppeltetraederform graphisch darstellen. Die beigefügte Abb. zeigt als Beispiel die Familiengruppe III — Quarz-Feldspat-Gesteine, zu der die Familien Apligranite (3), Alkaligranite (4), Alkalikalkgranite (5), Granodiorite (6) und Quarzdiorite (7) gehören. RONNER gibt im Anhang einige Regeln bzw. Vorschläge für die Zusammensetzung von Gesteinsnamen. Das 24 Seiten umfassende Literaturverzeichnis stellt für den Petrographen, der den Werdegang seiner Wissenschaft verfolgen will, eine wahre Fundgrube dar.

Nachdem bereits 1897 der VII. Geologenkongreß die Frage der Vereinheitlichung der Gesteinsnomenklatur behandelt, aber als aussichtslos abgetan hat (!), 1920/21 und 1936 durch ein britisches Komitee weitere Vorschläge unterbreitet wurden und 1938 durch W. E. TRÖGER ein weiterer Versuch zur Klärung von Klassifikationsproblemen unternommen wurde, der aber infolge Kriegs- und Nachkriegswirren steckenblieb, ist es nunmehr wirklich an der Zeit, die Nomenklaturfrage auf internationaler Ebene zu lösen. Grundlage für ein derartiges vom Internationalen Geologenkongreß geleitetes Unternehmen könnte die von RONNER ausgearbeitete Systematik sein.

Über die Notwendigkeit zu diskutieren, eine internationale Regelung in Kürze anzustreben, hieße, weiterhin unnütz Zeit zu verlieren. Die bereits 1872/73 von E. VOGELGESANG getroffene Feststellung mahnt, eingedenk dessen, in welchem Maße die Petrographie und Petrochemie seit dieser Zeit in die Breite und die Tiefe gegangen sind, zur Eile: „Der Mangel an einheitlicher Systematik in der Petrographie wird so allgemein gefühlt, daß ein Versuch, in dieser Richtung Besserung anzubahnen, schwerlich einer besonderen Rechtfertigung bedarf. Es ist dabei, wenn man will, eine trostreiche Wahrheit, daß es an guten Grundsätzen nicht eigentlich gefehlt hat, aber es ist auch nicht zu verkennen, daß diese Grundsätze in bestimmter einheitlicher und consequenter Weise bisher nicht zur Anwendung gekommen sind."

G. TISCHENDORF

Neuerscheinungen und Literaturhinweise

ANDREJEW, B. A. & I. G. KLUSCHIN

Geologische Deutung von Gravitationsanomalien

Gostoptechisdat, Leningrad 1962, 495 S.

Anonym

Faltungsdeformationen der Erdkruste, ihre Typen und ihr Bildungsmechanismus

Verl. AN SSSR, Moskau 1962, 333 S.

HANSEN, H. P.

Cycles and geochronology
Occasional papers of the California Academy of Sciences

San Francisco 1961, 24 S.

JAKOWLEWA, S. W.

Erfolge auf dem Gebiet der Quartärgeologie, die mit Hilfe der Untersuchung von Gletschergeschieben in der UdSSR erreicht wurden

Aus: Materialy po genesisu i tschetwertitschnych otloshenij 1961, S. 82–89

Geologie und Metallogenie des sowjetischen Sektors des Erzgürtels am Pazifik

Verl. AN SSSR, Moskau 1963, 662 S.

TUGARINOW, A. I. u. a.

Geochemie der Alkali-Metasomatose

Verl. AN SSSR, Moskau 1963, 204 S.

Fragen der Geologie und Mineralogie der Halbinsel Kola

Verl. Gosgeoltechisdat, Moskau 1963, 104 S.

Bodenschätze und ihre Erkundung

Verl. Inogis, Moskau, 200 S.

WASSILJEW, W. G.

Suche und Erkundung von Gasvorkommen der UdSSR in den vier Jahren des Siebenjahrplans

Verl. Gostoptechisdat, Leningrad 1963, 172 S.

Nachrichten und Informationen

Die Kartierung der Kristallinoberkante in der nordostdeutschen Senke

Die Staatliche Geologische Kommission der DDR hat den VEB Geophysik mit der geophysikalischen Kartierung der Kristallinoberkante in der nordostdeutschen Senke beauftragt. Neben anderen klassischen geophysikalischen Meßverfahren werden dabei erstmalig in Deutschland magnetotellurische Tiefensondierungen angewandt.

Dieses neue geophysikalische Meßverfahren stellt im Prinzip elektromagnetische Frequenzsondierungen dar, bei denen die von den Variationen des erdmagnetischen Außenfelds in der elektrisch leitenden Sedimenthülle der Erde induzierten natürlichen Erdströme (tellurische Ströme) ausgenutzt werden. Je nach Ursache der erdmagnetischen Variationen, die vom 11jährigen Sonnenfleckenzyklus bis zu intragalaktischen Radiowellen reicht, steht für die Auswertung ein sehr breites Frequenzspektrum zur Verfügung. Die sehr geringen Feldstärken der tellurischen Ströme werden mit der 4-Kanal-Tellurikapparatur des VEB Geophysikalischer Gerätebau Brieselang registriert. Gemessen werden je zwei elektrische und magnetische Komponenten, aus denen die Impedanz des elektromagnetischen Felds und die Phasenverschiebung zwischen elektrischem und magnetischem Feldanteil als Funktion der Frequenz bestimmt werden. Als Aufnahmeelemente dienen für die elektrische Feldstärke unpolarisierbare Elektroden und für die magnetische Feldstärke Autokompensationsvariometer des Instituts für Geodynamik der Deutschen Akademie der Wissenschaften.

Bisher im Bereich von Rügen und südlich davon auf dem Festland von einem Meßtrupp des VEB Geophysik in Zusammenarbeit mit Dr. PORSTENDORFER vom Institut für Geodynamik der Deutschen Akademie der Wissenschaften durchgeführte tellurische Sondierungen erwiesen die Brauchbarkeit von Verfahren und Meßausrüstung. Die Tiefe der Kristallinoberkante konnte aus allen Sondierungen bestimmt werden. Sie liegt auf Süd-Rügen in einer Tiefe von etwa 4 km. Außer der Kristallinoberkante kann ein weiterer hochohmiger Horizont innerhalb der paläozoischen Schichtenfolge verfolgt werden.

ZEUCH

Die Manganerze Südafrikas

Die Manganproduktion von Südafrika beläuft sich auf fast die Hälfte der Weltproduktion. 1962 wurden dort etwa 1300000 t Manganerz produziert. Die Hauptlagerstätten befinden sich im Gebiet von Postmasburg und der Kalahariwüste, im Norden der Kapprovinz. Außerdem gibt es in Transvaal einige verstreute Lagerstätten. Das Erz der Lagerstätten von Postmasburg, die vor 28 Jahren entdeckt wurden, wird für eines der besten der Welt gehalten. Die Schätzungen über die Vorräte im Norden der Kapprovinz schwanken zwischen 50 und 100 Mill. t. Nach den neuesten Erkundungsergebnissen scheinen sie jedoch noch bedeutend größer zu sein. Zu den neu in Betrieb genommenen Manganerzgruben gehören die von Hoatzel, Langdon, Devon und Smarit. Hoatzel liegt in einem Dürregebiet, das oft Temperaturen bis zu 46°C aufweist. Es mußten dort mehr als 1 Mill. t gelbe Sande abgeräumt werden, ehe die Erzgewinnung beginnen konnte. Im westlichen Transvaal steht (nach „Industries et Travaux d'Outremer", Paris, November 1963) bei Gopani eine neue Grube vor der Inbetriebnahme.

Aus dem dortigen Erz soll Mangandioxyd für die Elektrolyse gewonnen werden. Die Vorräte von Gopani sollen erheblich und die Ausbeutung nicht schwierig sein. —Ha—

Erdöl / Erdgas

Rechte der Anliegerländer auf Erdölgebiete der Nordsee

Die mit großem Eifer betriebene Erdölsuche in der Nordsee wirft die Frage einer Aufteilung in Gebiete auf, für die die einzelnen Anliegerländer ausbeutungsberechtigt sind. Eine Lösung dieser schwierigen Frage könnte nach der Genfer Konvention von 1958 gefunden werden, zu deren Rechtsgültigkeit jedoch außer den vorhandenen 21 Unterschriften noch die eines 22sten Landes erforderlich ist. Diese Konvention regelt die Rechte der Anlieger auf das „Kontinentalplateau", zu dem der Definition nach das ganze Nordseegebiet gehört, im Falle eines Streites durch die Ziehung von Grenzlinien, deren Punkte jeweils gleich weit von den Territorialgewässergrenzen benachbarter oder einander gegenüberliegender Länder entfernt sind. Der Küstenverlauf der Nordsee bedingt jedoch, daß solche Grenzen zwischen Nachbarn teils konvergieren, teils divergieren, wodurch sich im ersteren Falle relativ kleine, im letzteren relativ große Anspruchsgebiete ergeben (s. Abb.). Belgien und Westdeutschland würden dabei sehr schlecht, die übrigen Länder

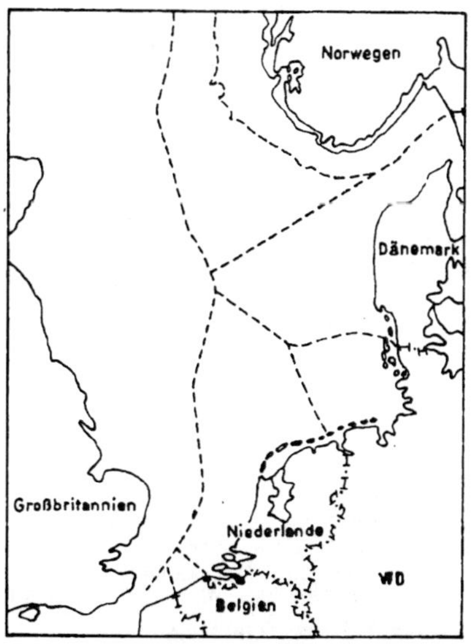

desto besser wegkommen. Die Niederlande, die besonders gut abschneiden, und Großbritannien sind daher bereit, die Konvention baldigst zu unterzeichnen, während für Belgien und Westdeutschland diese Lösung schwerlich annehmbar sein wird.

Mehrere Länder sahen sich bereits veranlaßt, ihre Rechte geltend zu machen. So teilte die Regierung der Niederlande interessierten Ölgesellschaften mit, daß sie von ihr nicht genehmigte Bohrungen außerhalb ihrer Dreimeilenzone als unfreundlichen Akt ansehen würde. Dänemark forderte von einer amerikanischen Gesellschaft die Herausgabe der vor der dänischen Küste gewonnenen geophysikalischen Meßergebnisse und die Einstellung der Erkundung. Das westdeutsche Oberbergamt machte im März 1963 gegenüber einem Konsortium von deutschen und ausländischen Gesellschaften die Zusage auf Konzessionen für das westdeutsche Offshore-Gebiet von der baldigen Klärung der Rechtsverhältnisse abhängig. Die bereits von einer Plattform aus niedergebrachte Bohrung 20 km vor Borkum und die für 1964 geplante zweite Bohrung von einer Bohrinsel amerikanischer Herstellung aus machen diese Klärung dringend erforderlich. Das große Interesse der Ölgesellschaften für das Gebiet nordöstlich von Borkum, wo die amerikanische Gesellschaft Amoseas in 14 km Abstand von der Insel ihre Plattform absetzen will, deutet darauf, daß dort eine langgestreckte gashöffige Struktur bereits festgestellt ist. Hier könnte sich sehr bald ein Wettrennen der Ölgesellschaften und, wie die „Erdöl-Zeitschrift", Wien, Dezember 1963, schreibt, „eine Situation wie in der Urzeit der Ölgewinnung" entwickeln; denn die verschiedenen Gebiete der ziemlich großen Nordsee sind betreffs Öl und Gas von sehr ungleichem Wert. —Ha—

Die Welterdölförderung 1963

Über die Erdölförderung in der gesamten Welt, in fünf Großgebieten und in einzelnen Ländern wird für 1963 in Gegenüberstellung zu 1962 von „Stahl und Eisen", Düsseldorf, 30. 1. 1964, nach den bisherigen Schätzungen ein Überblick gegeben. Danach betrug die Förderung

in den Großgebieten	in Mill. t		in % der Weltförderung	
	1963	1962	1963	1962
Gesamt-Amerika	635	614	49	51
UdSSR und Naher Osten (inkl. Ägypten)	549	499	42	41
Afrika (ohne Ägypten)	51	34	4	3
Ferner Osten	37	35	3	3
Europa	33	32	2	2
Welt insgesamt	1305	1214	100	100
in Ländern mit über 10 Mill. t Jahresförderung				
USA	373	361	29	30
UdSSR	205	186	15	15
Venezuela	170	167	13	14
Kuweit	98	92	7	8
Saudi-Arabien	81	76	6	6
Iran	73	65	6	5
Irak	56	49	4	4
Kanada	36	33	3	3
Algerien	24	20	2	2
Indonesien	23	23	2	2
Libyen	21	8	2	1
Mexiko	17	16	1	1
Kuweit: neutrale Zone	16	13	1	1
Argentinien	14	14	1	1
Rumänien	12	12	1	1
insgesamt	1219	1135	93	94

Die Förderungszunahme beträgt demnach bei der UdSSR 19 Mill. t, bei den USA 12, bei Venezuela 3, Kuweit 6, Saudi-Arabien 5, Iran 8, Irak 7, Algerien 4, Kanada 3, bei Libyen aber 13 Mill. t.

Eine baldige Erdölverknappung ist nicht zu erwarten, denn die nachgewiesenen Vorräte betrugen um die Jahreswende 50 Mrd. t, die wahrscheinlichen rund 500 Mrd. t. Die Weltjahresförderungen seit Beginn der industriellen Förderung (etwa 1859) werden wie folgt angegeben:

	Mill. t		Mill. t
1859	Beginn	1940	300
1900	20	1950	500
1920	100	1959	1000
1930	200	1963	1300

Die Welterdgasvorräte werden auf 20 Bill. m^3 mit dem Heizwert von 20 Mrd. t Erdöl angegeben. —Ha—

Entwicklung der französischen Erdölförderung

Die französische Erdölförderung hat sich in den letzten drei Jahren wie folgt entwickelt („Brennstoff-Chemie", 1/64):

	1961	1962	1963
Sahara	15,6 Mill. t	20,4 Mill. t	23,6 Mill. t
Frankreich	2,2 Mill. t	2,4 Mill. t	2,5 Mill. t
Gabun und Kongo	0,8 Mill. t	0,95 Mill. t	0,95 Mill. t
insgesamt	18,6 Mill. t	23,75 Mill. t.	27,05 Mill. t.

—s—

Erdöl und Erdgas 1963 in Westdeutschland

Die Erdöl- und Erdgasförderung erreichte 1963 gegenüber 1962 in den einzelnen Gebieten Westdeutschlands (nach „Erdöl und Kohle", Nr. 1, 1964) folgende Produktionsziffern:

A. Erdöl (in t)

	1963	1962
nördlich der Elbe	800024	743909
zwischen Elbe und Weser	2378738	2209409
zwischen Weser und Ems	1709720	1624141
westlich der Ems	1982505	1772276
Oberrheintal	250246	235408
Alpenvorland	261467	191210
insgesamt	7382700	6776353

B. Erdgas (in 1000 m³)

	1963	1962
zwischen Elbe und Weser	33622	24251
zwischen Weser und Ems	338558	142172
westlich der Ems	262132	171962
Oberrheintal	65684	70974
Alpenvorland	214998	207133
insgesamt	914994	616492

—Ha—

Neuer Erdgasfund in Italien

Ein neues Erdgasvorkommen, dessen Vorräte auf rund 10 Mrd. m³ geschätzt werden, wurde in der italienischen Provinz Foggia bei den Orten Ascoli, Satriano und Deliceto entdeckt. 10 fündige Bohrungen fördern dort jetzt aus etwa 900 km Teufe zusammen etwa 1 Mill. m³ täglich. Das zugleich in Spuren gefundene Erdöl kommt wirtschaftlich nicht in Betracht. Die volle Nutzung des Erdgases in der Provinz Foggia selbst würde etwa eine Verdoppelung des Umfangs der dort einstweilen vorhandenen Industrie erfordern. —Ha—

Kohle

Stein- und Braunkohle 1963 in Westdeutschland

Einer Übersicht, die in „Glückauf", 15. 1. 1964, gegeben wird, entnehmen wir die nachstehenden Produktionsziffern (in 1000 t) von Steinkohle und Braunkohle in Westdeutschland 1963 und stellen sie der Produktion von 1956 gegenüber.

		Ruhr	Aachen	Niedersachsen	Saar	Sonstige	Zusammen
Steinkohle	1956	124627	7208	2572	16956		151363
	1963	117145	7785	2260	14915		142105
Zechenkoks	1956	38036	1338	199	1021		40594
	1963	31790	1922	–	1496		35208
Hüttenkoks	1956	1744			3313	2228	7196
	1963	1268			3085	2292	6645
Steinkohlenbrikette	1956	6203	558	435			7196
	1963	4956	830	565			6351
		Rheinland	Helmstedt	Hessen	Bayern	zusammen	Pechkohle-Bayern
Braunkohle	1956	82128	6717	3567	2823	95235	1745
	1963	90066	6798	4072	5618	106554	1842
							Schwelkoks gesamt
Braunkohlenbriketts	1956	15222	1499	83	154	16985	585
	1963	14163	1506	–	167	15836	600

—Ha—

Rauchlose Steinkohlenbriketts

Belgische Kohlengesellschaften beabsichtigen, in Zolder ein Werk für die Herstellung rauchloser Steinkohlenbriketts auf der Basis von Fettkohle zu errichten. Um die vorgesehene Anfangskapazität von 180000 t („Brennstoff-Chemie", 1/64) bald verdoppeln zu können, erwägt man, eine zweite Anlage zu errichten. Die Produktion will man bereits 1965 aufnehmen. —s—

Stein- und Braunkohle 1963 in Westdeutschland

Die westdeutsche Steinkohlenförderung ist 1963 mit 142116000 t gegenüber 141135600 t (1962) um 980400 t angestiegen. Die Produktion von Zechenkoks ging jedoch von 35951300 t (1962) auf 35111900 t zurück. Einen Anstieg zeigt wiederum die westdeutsche Braunkohlenförderung. Sie erhöhte sich von 101250500 t (1962) auf 106657700 t. Der westdeutsche Kohlenexport betrug 1963 30596000 t, 297000 t mehr als 1962 („Bergbau-Wissenschaften, Nr. 4, 1964). —Ha—

Sonstiges

Die Weltstahlerzeugung 1963

Die Weltstahlerzeugung ist 1963 auf eine neue Rekordhöhe angewachsen. Sie betrug nach Angaben des statistischen Amts der Montanunion 373 Mill. t und damit 21 Mill. t = 6% mehr als im Vorjahr. Die sozialistischen Länder insgesamt haben mit 105 Mill. t, wovon die UdSSR 80 Mill. t produzierte, nunmehr die 100,1 Mill. t der USA überholt, obwohl diese eine Steigerung um 10% darstellen. Die 6 EWG-Länder blieben fast unverändert bei 73,2 Mill. t, wobei Westdeutschland einen Rückgang um 3% (1 Mill. t von 31,6 Mill. t) aufweist. Fast dieselbe Höhe, aber bei 14,4% Steigerung, erreichte Japan mit 31,5 Mill. t. —Ha—

Eisenerze in Israel

Die sedimentäre Eisenerzlagerstätte Har Ramin liegt am Ostabhang der Naphtali-Berge. Nach den bisherigen Untersuchungsergebnissen hat die an Kalke des Oberen Apts geknüpfte Lagerstätte eine streichende Erstreckung von 4 km. Sie fällt bis 21° nach SW ein. Der Fe-Gehalt beträgt 26—28% („Erzbergbau & Metallhüttenwesen" 1/64).

Das vor allem in harten 1,5 m mächtigen Kalksteinen auftretende Erz liegt als Goethit in Oolithen von 1—0,06 mm vor. Untergeordnet tritt es auch eingebettet in weiche Mergel oder Mergeltone am obersten bzw. untersten Teil des Lagers auf. —s—

Gerät zur Entnahme von Bodenproben nach Art von Bohrkernen

Wenn das Gestein, von den Bohrproben entnommen, plastisch, brüchig oder feinkörnig ist und es bei der Beurteilung der geologischen Struktur auch auf die Feststellung des Feuchtigkeitsgehalts ankommt, sind die nach dem bisher üblichen Verfahren entnommenen Proben zur Gewinnung genauer Ergebnisse unbrauchbar.

Es wird deshalb der Vorschlag gemacht, die Bohrkerne durch einen Schlauch zu schützen, der sich beim Eindringen des Probenzylinders über die Probe legt und ihn beim Ziehen umhüllt. In der Praxis bildet der Schlauch eine an der Innenwand des Probenzylinders anliegende Auskleidung. Er ist an beiden Enden des Probenzylinders nach außen umgelegt, wobei an dem an der Bohrlochseite gelegenen Ende ein Schneidschuh abnehmbar befestigt ist. Hierdurch wird erreicht, daß sich der Schlauch beim Einsatz der Vorrichtung nicht über den Kern oder die Probe zu stülpen braucht. Zahlreiche und unter den verschiedenartigsten Verhältnissen durchgeführte Versuche haben gezeigt, daß die zur Verfügung stehenden Kunststoffe so reiß- und verschleißfest sind, daß das Einschieben des Probematerials keine Beschädigung am Schlauch hervorruft.

Wenn das Gerät, welches zunächst am Gehäuse G hängt, die Bohrlochsohle erreicht, schiebt sich der Probenzylinder 1 nach oben in das Gehäuse G hinein und nimmt die in der Zeichnung dargestellte Lage ein. Um den Zylinder 1 mit Material zu füllen, werden mit Hilfe des Rammgewichts R Schläge auf die Oberseite des Oberteils 7 ausgeübt.

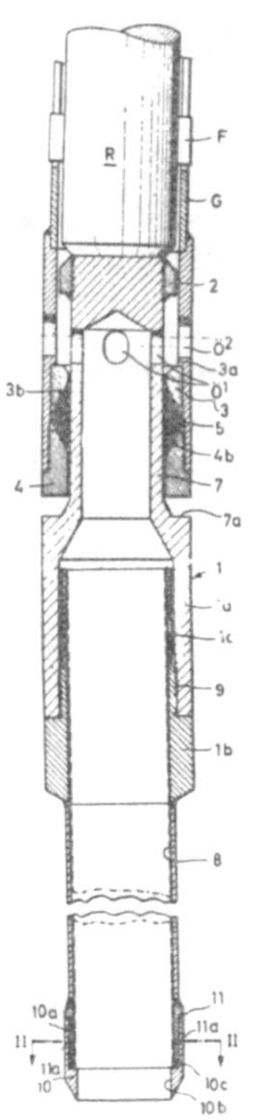

Der Probenzylinder 1 kann sich hierbei ohne weiteres mit Material füllen, weil er an seinem oberen Ende über die Öffnungen $Ö_1$, $Ö_2$ mit der Außenseite der Vorrichtung in Verbindung steht und die Folienauskleidung dem Material geringen Reibungswiderstand entgegensetzt.

Sobald der Probenzylinder durch Wirkung des Rammgewichts R ausreichend tief in das als Probe zu entnehmende Material eingetrieben worden ist und das Gerät im Bohrloch nach oben gehoben wird, gleitet während des ersten Teils der Hebebewegung das Gehäuse G bis zum Anschlag des Ringes 3 am Ring 2 auf dem oberen Ende 7 des Probenzylinders nach oben, wodurch die Dichtung 5 vor die Öffnungen $Ö_1$ im Kernrohrteil 1 gelangt. Beim weiteren Heben des Gehäuses G wirkt das Gewicht des gefüllten Probenzylinders 1 über den Ring 2 auf den Ring 3, der an der Innenseite des Gehäuses G nach unten bewegbar ist. Der Ring 3 drückt daher fest auf die schräge Seite 3b des Dichtungsrings 5, der mit der gegenüberliegenden Schrägseite 4b an der Abschrägung am Ring 4 anliegt. Der Dichtungsring 5 wird durch Keilwirkung unter luftdichtem Verschluß der Öffnungen $Ö_1$ gegen den Rohrteil 7 gepreßt. Beim weiteren Heben wird somit nicht nur der Zylinder 1, sondern auch die Füllung des Probenzylinders, die auf Grund des luftdichten Abschlusses der oberen Öffnungen $Ö_1$ nicht nach unten herausfallen, mit nach oben genommen.

DBP.-Anm.: 1160805 H. Friedemann

Bohrtätigkeit in Westdeutschland

In Westdeutschland wurden im Jahre 1963 433840 Bohrmeter auf Erdöl niedergebracht. Damit lagen die Bohrleistungen um 70300 m bzw. 13,9% niedriger als im vergangenen Jahr („Brennstoff-Chemie", 2/1964). Die Durchschnittstiefe erhöhte sich von rd. 1400 m im Jahre 1960 auf 1945 m im Jahre 1963.

Von den 1963 beendeten 223 Tiefbohrungen waren 145, d. h. 65%, gas- oder ölfündig. Im Jahre 1962 wurden 69% der niedergebrachten Bohrungen fündig.

Die Bohrmeter verteilen sich wie folgt:

Weser-Ems-Gebiet	105 Bohrkilometer
Schleswig-Holstein	90 „
Alpenvorland	71 „
Hannover	68 „
Emsland	58 „
Oberrheintal	34 „

Die restlichen Bohrmeter entfallen auf das Weserbergland und das Münsterland. Von den im Jahre 1963 niedergebrachten 46 Aufschlußbohrungen wurden zwei ölfündig; vier Sonden trafen bisher unbekannte Gasvorkommen an.

Abgeteufte Bohrmeter im Jahre 1963

	1962	1963
Aufschlußbohrungen	112053	124834
Erweiterungsbohrungen	92345	89334
Produktionsbohrungen	290316	200088
Hilfsbohrungen	9419	19584
	504133	433840

—s—

Kurznachrichten

Das **Forschungsschiff „Amasis"** der „Prakla" (Gesellschaft für praktische Lagerstättenforschung) hat 1963 eine Strecke von 5 bis 6000 km auf dem Meeresboden der **Nordsee** erforscht. Östlich vom Feuerschiff „Borkumriff" werden auf Grund der Vermessungsergebnisse Probebohrungen auf Öl und Gas durchgeführt.

Libyen, das seine **Erdölförderung** von 8,4 Mill. t im Vorjahr 1963 auf 21 Mill. t, also um 149% erhöhen konnte, hat Algerien zwar noch nicht in der Gesamtproduktion des Jahres (23,7 Mill. t bei 16% Steigerung), aber nunmehr in der Tagesproduktion überholt.

Pakistan hat 1962 an **Erdöl** und **Erdgas** (auf Erdöl umgerechnet) zusammen 1,21 Mill. t produziert, während der Verbrauch 3,26 Mill. t betrug. 0,4 Mill. t Erdöl wurden aus den Feldern des Potwarplateaus gewonnen, die Erdgasproduktion entsprach 0,8 Mill. t Erdöl.

Die **Erdölförderung Argentiniens,** die von 1957 bis 1962 fast verdreifacht werden konnte, weist 1963 mit 15,53 Mill. m^3 gegenüber dem Vorjahr einen leichten Rückgang auf.

Der **höchstgelegene Kohlentagebau** der Welt wurde in 4000 m Höhe auf dem **Pamir** bei Kurtekunsk in Betrieb genommen.

Im Elbegebiet der **CSSR** wurden bei Jelenice, 5 km östlich von Melnik, in 400 m Teufe ein **Steinkohlenflöz** von 4 m Mächtigkeit und 200 m tiefer weitere Flöze entdeckt, womit sich erweist, daß sich die Karbonformation des Kladnoer Reviers unter der Kreidetafel von Mittel- und Nordböhmen bis dorthin fortsetzt.

Die **Steinkohlenproduktion Australiens** im Jahre 1963 wird auf 24,7 Mill. t gegenüber 24,5 Mill. t 1962 und 18,4 Mill. t 1953 geschätzt. Neu-Südwales, Queensland und Südaustralien lieferten die Mehrproduktion.

Die **Eisenvorräte** der Nimba-Mine in **Liberia** wurden auf etwa 300 Mill. t Hämatit mit 65% Fe geschätzt. Es werden Jahresförderungen von 2,5 Mill. t für 1963 und 7 Mill. t für 1964 erwartet.

Zur Ausbeutung der großen **Eisenerzvorkommen** von Pilbara in **Nordwestaustralien,** deren sichere Vorräte mit 5 Mrd. t angegeben werden, wurde zwischen der Regierung und der Hamersley-Iron-Proprietary Co. ein 30-Jahre-Vertrag abgeschlossen. Außer den bergbaulichen Anlagen sollen Straßen und Häfen und ein Stahlwerk von 1 Mill. t Jahreskapazität gebaut werden.

Zur Ausbeutung der **Kupfervorkommen** von Cerro Paseo bei Los Angeles in **Chile** sollen bis 1968 mit einem Aufwand von 116 Mill. $ die erforderlichen Anlagen geschaffen werden.

Die Förderung von **Zink** in den **USA** stieg 1963 gegenüber dem Vorjahr um 3% und auf 521000 s. t ausbringbaren Zinkgehalt. 140000 s. t Zinkmetall und 380000 s. t Zinkerz wurden importiert.

Durch die Einführung eines **neuen Verfahrens** der **Kaligewinnung** hofft die **brasilianische** „Cia de Akalis" in zwei Jahren eine Produktionssteigerung um 400 t/Tag zu erreichen.

Ägypten, das 1963 den Schätzungen nach 685000 t **Phosphate** produzierte, beabsichtigt, diese Produktion bis 1967 auf 1,7 Mill. t jährlich zu erhöhen.

In den nächsten Heften
der
Zeitschrift für angewandte Geologie

erscheinen u. a. folgende Beiträge

H. THIERGÄRTNER: Zur Beurteilung der Probenahmeabstände und des Schemas der Mittelwertbildung

G. SCHULZE: Erste Ergebnisse geologischer Untersuchungsarbeiten im Gebiet der Scholle von Calvörde

G. SEIDEL: Zur Ausbildung und Genese des Kalilagers Staßfurt im Thüringer Becken

H. KÄSTNER: Beobachtungen zum Auftreten von Kohlenwasserstoffen im Werrakaligebiet

M. HANNEMANN: Quartärbasis und älteres Quartär in Ostbrandenburg

J. ZIESCHANG: Die Bestimmung der Wasserdurchlässigkeit von Lockergesteinsgrundwasserleitern

ST. KLÍR: Wärmegehalt von Thermalwässern in der ČSSR

E. A. BARS: Neue hydrochemische und hydrogeologische Untersuchungen in erdöl- und erdgasführenden Gebieten

B. ŘEZÁC: Jodobrom-Tiefenwässer des Ostrava-Karvináer Reviers und die Perspektiven ihrer ökonomischen Verwertung

Herausgeber: Staatliche Geologische Kommission und Zentrale Vorratskommission für mineralische Rohstoffe der Deutschen Demokratischen Republik. Für die kollektive Chefredaktion: Dr. K. KAUTER (Redaktionssekretär), Berlin. Redaktion: Berlin N 4, Invalidenstraße 44. Verlag: Akademie-Verlag GmbH, Berlin W 8, Leipziger Straße 3–4 (Fernsprecher 220441, Telex 011773, Postscheckkonto: Berlin 35021). Bestellnummer des Heftes 1047/10/6. Alleinige Anzeigenannahme DEWAG-WERBUNG, Berlin C 2, Rosenthaler Str. 28/31, und alle DEWAG-Betriebe in den Bezirksstädten der DDR. Die „Zeitschrift für angewandte Geologie“ erscheint monatlich. Bezugspreis 2,– DM je Heft. – Satz und Druck: VEB Druckhaus „Maxim Gorki“, Altenburg. Veröffentlicht unter der Lizenznummer 1279 des Presseamtes beim Vorsitzenden des Ministerrates der Deutschen Demokratischen Republik. Kartengenehmigung: Nr. 327/64, 366/64, 425/64 und 473/64

FSC
www.fsc.org
MIX
Papier | Fördert gute Waldnutzung
FSC® C083411

Zeitfracht Medien GmbH
Ferdinand-Jühlke-Straße 7
99095 Erfurt, Deutschland
produktsicherheit@kolibri360.de